新媒体环境下环保舆情处置研究

XINMEITI
HUANJING XIA HUANBAO
YUQING CHUZHI YANJIU

荣婷 郑科○著

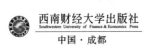
西南财经大学出版社
Southwestern University of Finance & Economics Press
中国·成都

图书在版编目(CIP)数据

新媒体环境下环保舆情处置研究/ 荣婷,郑科著 . —成都:西南财经大学出版社,2018.8
ISBN 978-7-5504-3685-5

Ⅰ.①新… Ⅱ.①荣…②郑… Ⅲ.①环境保护—舆论—研究—中国 Ⅳ.①X-12

中国版本图书馆 CIP 数据核字(2018)第 191109 号

新媒体环境下环保舆情处置研究

荣婷 郑科 著

责任编辑:李晓嵩
助理编辑:王琳
封面设计:何东琳设计工作室
责任印制:朱曼丽

出版发行	西南财经大学出版社(四川省成都市光华村街55号)
网　　址	http://www.bookcj.com
电子邮件	bookcj@foxmail.com
邮政编码	610074
电　　话	028-87353785　87352368
照　　排	四川胜翔数码印务设计有限公司
印　　刷	四川五洲彩印有限责任公司
成品尺寸	148mm×210mm
印　　张	6.25
字　　数	205 千字
版　　次	2018 年 8 月第 1 版
印　　次	2018 年 8 月第 1 次印刷
书　　号	ISBN 978-7-5504-3685-5
定　　价	58.00 元

前言

  21 世纪，我国进入经济发展的高速时期，中国经济每年约 10% 的增长率令世人瞩目。然而经济的快速发展也给中国带来巨大的环境压力，能源消耗与污染排放等问题的出现导致环境群体性事件频频爆发。在这些环境群体性事件中，以论坛、QQ 群、微博、微信为代表的新媒体日益成为抗争的重要工具。本书以新媒体传播背景下的中国环境群体性事件为研究对象，具有重要的理论价值和应用价值。

  首先，本书利用相关文献进行研究，对中国环境抗争历史的不同发展阶段进行了梳理，对新媒体传播背景下的环境群体性事件发生的社会背景及原因进行了分析。

  其次，本书借助上海交通大学舆情研究室的数据库，对 2003—2014 年 150 起重大环境群体性事件进行编码统计，包括环境群体性事件特点、环境议题的构建、抗争方式、不同行为主体在环境抗争中的作用以及新媒体在抗争中的表现与作用机制，归纳总结出新媒体环境下中国环境抗争的特点与演变机理。

  最后，本书借鉴海外治理研究经验，构建了一套环境问题与冲突的治理框架，一是环境问题及抗争的风险预防，二是政府对环境群体抗争的治理与应对办法。

本书提出以下六点建议：一是政府要从根本上转变经济增长方式，发挥经济发展在环境保护中的治本功能；二是政府要深化改革环境行政管理体制，建立高效的部门协调机制；三是政府要健全环境影响评价制度，保证环境评价制度的科学性；四是政府要完善公众环境参与机制，建立科学民主的环境决策和监管机制；五是政府要完善环境利益诉求机制，充分利用非政府组织（NGO）的"润滑剂"作用；六是政府要在环境群体抗争事件中加强网络应对能力，正确引导舆论。

本书仅对2013—2014年的环境群体性事件进行梳理、分析与研究。近年来，在党和国家的高度重视与治理下，生态环境日趋改善，"加快生态文明体制改革，建设美丽中国"成为全社会共同的行动纲领。正如党的十九大报告指出的："我们要建设的现代化是人与自然和谐共生的现代化，既要创造更多物质财富和精神财富以满足人民日益增长的美好生活需要，也要提供更多优质生态产品以满足人民日益增长的优美生态环境需要。必须坚持节约优先、保护优先、自然恢复为主的方针，形成节约资源和保护环境的空间格局、产业结构、生产方式、生活方式，还自然以宁静、和谐、美丽。"

荣婷

2018 年 5 月于重庆

目录

2 中国环境群体抗争的现状 / 34

1 绪论

1.1 研究缘起及意义

1.1.1 问题的提出

就像鱼儿离不开水一样，人类的发展离不开自然界。第二次世界大战之后，科学技术的飞跃和进步帮助人类从自然界攫取了巨大的物质财富，极大地丰富了人类文明的内容。然而人类过度地向自然母亲索取，给生态环境造成了众多前所未有的破坏。山川植被退化，湖水变质枯竭，烟尘废气笼罩四野，固态废弃物肆意堆放。1962年，蕾切尔·卡逊的《寂静的春天》问世，对于当时还沉浸在物质喜悦之中而漠视环境问题的人类来说，犹如一枚重磅炸弹，惊醒了各个国家的人。美国前副总统艾伯特·戈尔（Albert Arnold Gore Jr.）这样评价该书：

《寂静的春天》播下了新行动主义的种子，并且已经深深植根于广大人民群众中。1964年春天，蕾切尔·卡逊逝世后，一切都很清楚了，她的声音永远不会寂静。她惊醒的不但是我们这个国家，甚至是整个世界。《寂静的春天》的出版应该恰当地被看成现代环境运动的肇始。①

　　从那时起，环境污染已经成为社会、政府、学界普遍关注的问题。人们不断提出新的环境要求，将环境保护事业提上重要议程，在全世界范围内掀起了环境保护的浪潮。20 世纪 50 年代，中国也开始了工业化进程，尤其是改革开放后，工业化建设突飞猛进，中国也遇到了西方曾经经历过的环境污染、资源匮乏、生态失调、气候反常等问题。2010 年，中国的经济总量超过日本，位列世界第二，与此同时，中国超过美国成为世界上最大的耗能国。中国被认为是世界上污染最严重的国家之一。严重的环境污染给社会发展带来严峻的挑战，世界银行数据表明：每年环境污染造成约 70 万人的死亡，环境问题带来的经济损失，占国内生产总值（GDP）总值的 8%～15%，这其中还不包含环境污染带来的健康损失。

　　面对环境问题带来的生存危险与健康威胁，中国民众表达了抗议，虽然没有出现像西方那种大规模、高度组织化的环境运动，但发生了以"上访""散步""游行""示威"甚至"打砸""堵路"的方式进行的环境群体抗争行动，如厦门 PX 事件、什邡 PX 风波、浙江画水镇村民抗议化工厂污染等一系列反对环境污染和抵制环境威胁的群体性事件，这给政府日常的社会治理带来压力。新世纪到来，互联网、计算机技术迅猛发展，不断推陈出新，以论坛、微博、QQ 群、微信等为代表的新媒体以最直接、最便捷以及最迅速的方式嵌入中国民众的生产和生活中，为公民的环境表达提供言说路径，也为中国的环境保护提供了新的社会动员渠道。新媒体传播犹如"一石激起千层浪"，以"迅雷不及掩耳之势"扩展开来，迅速形成"一呼百

----

　　① 蕾切尔·卡逊. 寂静的春天 [M]. 邓延陆，译. 长沙：湖南教育出版社，2009：18.

应"的舆论攻势，对政府行政产生了巨大压力，这无疑加大了社会秩序维持和政府公共管理的难度。因此，政府如何应对和化解危机，从根源上解决环境冲突问题，成为社会治理中亟待解决的课题。

有鉴于此，笔者提出如下思考：

环境问题是世界性的问题，在与西方民主体制明显相异的政治背景下，当下中国的环境群体抗争事件的爆发有哪些特殊的社会背景和因素？在新媒体传播时代，中国环境抗争较以往的环境抗争，有什么样的特点？政府为了有针对性地进行环境问题和冲突的治理，是否有必要了解环境群体抗争演变过程？各个主体在抗争中的表现与作用如何？新媒体在环境抗争中到底扮演了什么样的角色？当前政府的治理框架存在什么问题？政府如何进行有效的应对和治理？这些都是理论界和实践部门关注的议题。

为此，本书确定了以下五个研究问题：

第一，新媒体传播背景下环境群体抗争发生的背景与特征。

第二，环境群体抗争的演变过程及机制。

第三，不同主体在环境抗争中的参与现状与功能。

第四，新媒体在环境群体抗争中扮演和发挥怎样的角色与作用。

第五，政府的治理框架是什么。

1.1.2　研究意义

1.1.2.1　理论意义

本书的研究具有其一定的理论意义。

第一，本书的研究可以和西方的运动理论、抗争政治理论进行对话，尤其是将理论的场景置换到中国本土，以中国环境群体抗争的经验来检视理论成果，会有一番新的认识。

第二，本书的研究可以同既有的学界对环境群体抗争及其影响的成果直接对接起来，拓展学界对环境群体抗争的分析，在总体相近的理论关怀和系谱下，共同推动和深化群体抗争的理论研究。

第三，本书重在研究新媒体传播背景下中国环境群体抗争事件发生、演变的基本规律，填补国内外相关研究领域的空白。

1.1.2.2　实践意义

在实践和政策层面，本书的研究关注环境领域的群体抗争问题。

第一，本书的研究有助于环境污染的治理。环境群体抗争源于环境的污染或潜在威胁，目前，环境抗争的爆发在一定程度上反映了当下中国环境问题的严峻形势，本书对引发环境抗争的议题进行详细分析，有助于研究者进一步了解当前的环境问题态势，对推动环境污染治理和风险规避具有一定的借鉴意义。

第二，当前我国因环境问题引发的群体抗争事件时有爆发，开展新媒体传播背景下中国环境群体抗争研究，构建"环境问题与冲突的治理框架"，有助于增强各级政府的应急管理能力，提高中央与地方政府的环境群体抗争事件应急管理体系的科学性，为各级政府科学、高效、有序地应对环境群体抗争事件提供决策参考。

1.2　文献综述

1.2.1　概念界定

随着环境问题的突出和显现，由环境议题引发的运动或抗争成为日趋显著的社会现象，不仅在中国成为热门的话题，也吸引了全世界学者的关注。由于社会背景和现实经验的复杂性，中国环境运动或抗争的概念在不同的国家使用上呈现出相似性、多元状态。因此，我们有必要对西方和中国环境运动或抗争的相关概念进行界定，以便更好地明确研究对象。

1.2.1.1 新媒体

在人类的传播史上，"新媒体"一词诞生于1967年，由戈尔德·马克提出。随着数字技术的发展，新媒体的概念和内涵也在发生变化，学者也从不同角度对其进行梳理和定义。艺术家曼诺维奇认为，新媒体将不再是任何一种特殊意义的媒体，而不过是与传统媒体形式相关的一组数字信息，但这些信息可以根据需要以相应的媒体形式展现出来。① 廖祥忠认为，新媒体是"以数字媒体为核心的新媒体"，即通过数字化和交互性的，或者固定，或者移动的多媒体终端向用户提供信息和服务的传播形态。② 邵庆海提出，新媒体是基于数字技术产生的，具有高度互动性、非线性传播特质，是能够传输多元复合信息的大众传播介质。③ 陆地认为，新媒体实际上包括了新型媒体和新兴媒体两个范畴，新型媒体是指应用数字技术，在传统媒体基础上改造或更新换代而来的媒介或媒体；新兴媒体是指在传播理念、传播技术、传播方式和信息消费方式等方面发生了质的飞跃的媒介或媒体，新兴媒体必须是在形态上前所未有，在理念上和应用上与传统媒体能形成全面对应，并进行全方位改变的创新

① 李秦，褚晶晶. 浅谈新媒体条件下社会主义意识形态建设 [J]. 出国与就业，2011（13）：95-96.

② 廖祥忠. 何为新媒体 [J]. 现代传播，2008（5）：121-125.

③ 邵庆海. 新媒体定义剖析 [J]. 中国广播，2011（3）：63-66.

性媒体。① 理论界对新媒体的界定还有其他的阐释，但都普遍认可和强调新媒体的"新"是一个相对概念，需要把新媒体放在媒体发展的宏观历史背景下考量，在不断发展的过程中，新媒体的概念也在丰富和完善。

在此，综合各方定义，笔者在书中将新媒体概括为以数字技术、通信网络技术、互联网技术和移动传播技术为基础，为用户提供资讯、内容和服务的新兴媒体，具有即时性、互动性、个性化、包容性、自媒体等特征。笔者之所以没有称之为"自媒体"或"社交媒体"，是因为这样易于理解，不容易产生歧义，笔者按照使用习惯沿用新媒体，新媒体是继报刊、广播、电视等传统媒体以后发展起来的一种新的媒体形态。本书探讨的对象是 2003—2014 年中国发生的环境群体抗争事件，正好是新媒体在中国从兴起、发展到鼎盛的时期，无论是抗争行为还是传播都打上了新媒体的烙印。

1.2.1.2　环境运动

1.2.1.2.1　西方语境下的环境运动

关于现代环境运动兴起的起点，学界较为公认的说法是起源于 20 世纪 60 年代。1962 年在环境运动史上具有标志性的意义，这一年，美国人蕾切尔·卡逊出版了其惊世之作《寂静的春天》。该书一经出版就引起了美国乃至全世界对于环境保护问题的关注。由于环境问题在世界范围内日益受到关注，因此现代环境运动在整个"新社会运动"的格局中越发强势，并且随着社会环境和国际格局变化而不断变化发展，其内涵和外延已变得非常复杂。

邓拉普认为，环境运动除了包含运动组织、意识形态，还

---

① 陆地，高菲. 新媒体的强制性传播研究 [M]. 北京：人民出版社，2010：3.

囊括运动实践和被运动实践促使不断变更的环境制度。① 不同的定义下环境运动分类的界定及标准也不尽相同。这里列举目前颇受认同的两种分类标准。一种是从环境运动组织特点入手，如西班牙学者曼纽尔·卡斯特将西方的环境运动划分为五个小类："反文化、深度生态主义""保卫大自然""保卫自己的空间""拯救地球""绿色政治"。另一种比较认同的分类方式是由日本学者饭岛伸子提出的，其依据运动抗争的目标，将运动具体分类为："反公害—受害者运动""反开发运动""反'公害输出'运动""环境保护运动"。②

1.2.1.2.2　中国语境下的环境运动

在中国，"运动"在新中国成立后深深嵌入国民生活中，带有时代背景和强烈的政治色彩。因此，中国的环境运动有着不同的含义。在北京大学龙金晶③、上海大学颜敏④、复旦大学覃哲⑤的学位论文中，在对中国的环境运动进行界定的时候，都没有生搬硬套西方的环境运动定义。覃哲认为，在中国的社会话语环境中，环境运动是一种多元集合体，可以是社会运动，甚至是政治运动，只要是保护环境、改善生态环境的行动都可以纳入中国环境运动的范畴。

关于中国环境运动的分类问题，学者们立足于中国特色的政治背景与文化习惯，将中国的环境运动分成不同的种类。根

①　DUNLAP R E, MERTIG A G. American Environmertalism: The US Environmental Movement, 1970—1990 [M]. New York: Taylor & Francis Inc, 1992.

②　饭岛伸子. 环境社会学 [M]. 包智明，译. 北京：社会科学文献出版社，1999：97.

③　龙金晶. 中国现代环境保护的先声 [D]. 北京：北京大学，2007.

④　颜敏. 红与绿——当代中国环境运动考察报告 [D]. 上海：上海大学，2010.

⑤　覃哲. 转型时期中国环境运动中的媒体角色研究 [D]. 上海：复旦大学，2012.

据发起者的身份，有的学者将环境运动划分为环境启蒙运动（新闻记者和作家发起）、城市精英环保行动（非政府组织发起）、环境申诉和抗议行动（基层民众发起）。① 有的学者将中国的环境运动分为以下三类：第一类为自上而下的环境治理运动，其领导者为政府或其他的管理组织部门，如"中华环保世纪行""环评风暴"；第二类是在非政府组织（NGO）发起与组织下开展的环境运动，如"自然之友"发起的保护藏羚羊、保护滇金丝猴的行动等；第三类为没有特定组织主导的环境群体抗争运动，即民众自发或自觉参与的，以力图改变某些现状为目标的运动式事件。② 对此，笔者觉得各种分类在特定的角度下都是比较合理的，深表赞同。

1.2.1.3 环境群体抗争与环境群体性事件

从以上分析可以看出，无论是哪种环境分类方式，在各个研究中都有一个一致的观点，就是由民间发起的"自下而上"的群体抗争是中国环境运动重要的组成部分。改革开放以前，由政府主导的环境治理运动占据了环境运动的大部分内容，政治色彩较为浓厚；而随着市场经济的确立与发展，由 NGO 和民众发起的环境运动成为主流。对于 NGO 发起的环保运动，因中国特殊的国情，NGO 倡导的运动与政府有着千丝万缕的关系，带着浓厚的官方色彩，并且多是"价值观驱动型"的环保活动。中国的环境运动与西方的环境运动相比较，"没有冲突的动员"是最大差别，即使我国的 NGO 不断发展，这些运动也是嵌入体制的一种方式。③

---

① 张玉林. 中国的环境运动 [J]. 绿叶，2009（11）：24-29.

② 章哲. 转型时期中国环境运动中的媒体角色研究 [D]. 上海：复旦大学，2012.

③ HO PETER. Greening without Conflict? Environmentalism, NGOs and Civil Society in China [J]. Development and Change, 2010, 32（5）：893-921.

因此，我们将着眼点放在由民众发起的"自下而上"的环境抗争上。特别是进入新世纪，新媒体的出现和应用使得随之而来的中国环境运动出现了前所未有的新特点，环境运动出现了很大的变化。一方面，社会中出现由大量公众自发参与的、以改变环境污染现状为目标的环境群体抗争事件。另一方面，在新媒体传播背景下，环境运动在传播路径、抗争手段上呈现新的特点。新媒体传播背景下的环境群体性抗争事件成为本书研究的重点。

中国环境运动的分类如图 1.1 所示。

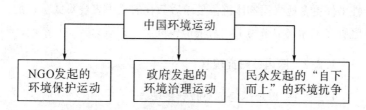

图 1.1　中国环境运动的分类

环境群体抗争是指公众在遭受环境带来的危害后，为了不让环境危害继续发生或挽回环境危害造成的损失，以维护其在适宜环境中享有的生产与生活权利为目的，具有很强自发性的一系列集体公开行动。① 关于群体性事件的界定，学界有一种通用的说法：群体通过聚众闹事等行为，如上访、集会、游行、静坐、示威甚至阻塞交通，围堵或冲击重要机关、重点工程和要害部门。② 环境群体性事件实际上是人民内部矛盾或利益纠纷的一种表现形式，人们通过以群体运动的形式来争取和维护自

①　冯仕政. 沉默的大多数：差序格局与环境抗争 [J]. 中国人民大学学报，2007（1）：122-123.

②　中国行政管理学会课题组. 我国转型期群体性突发事件主要特点、原因和政府对策研究 [J]. 中国行政管理，2002（5）：6-9.

身的生态权和健康权。

从定义中可以看出，环境群体抗争和环境群体性事件在中国的语境下有高度的契合性，在学者的著作和论述中，经常发现两者混合使用的情况，这也曾一度困扰笔者。在概念的使用上，笔者尤为慎重。首先，环境群体抗争的表述较环境群体性事件更为中立、客观，而群体性事件频繁出现在政府文件、媒体的"关键词"中，更强调对现有社会秩序的挑战和危害性。其次，环境群体抗争的外延更加宽泛，既可以是人们集体的申诉行为，也可以是人们以聚众形式采取的集体行动。环境群体性事件更多地强调群体抗争是矛盾激化的集中表现形式。因此，笔者在主标题中采用了"环境群体抗争"的概念。

1.2.2 国内外研究现状

1.2.2.1 国外环境运动的研究现状

20 世纪 60 年代，西方社会运动蓬勃发展。[①] 这一时期涌现出大量的论著和刊物，众多研究从不同的观察视角和学术基点出发，概括起来主要包含以下几个研究主题：

1.2.2.1.1 环境运动与内外动力

沃尔什等人在对比费城和蒙哥马利县的垃圾焚烧的抵制活动后发现，费城的抵制活动之所以取得成功，是因为其综合考虑了团体、个体行动者的相互作用。例如，有参与类似运动经验的个人行动者能更好地应对和企业的关系，外来人员的积极声援使得运动合法化，市议员的支持可以扩大影响力，运动的指导思想中有"引入宣传再循环思想"等能获得更多公众的支

---

① TARROW SIDNEY. Power in Movement：Social Movements and Contentious Politics [M]. Cambridge：Cambridge University Press，1994.

持，这一系列因素成为环境运动成功的关键。^① 阿尔梅达等人从外部政治环境探讨环境运动，他们以日本水俣事件为样本，发现在 20 世纪五六十年代，该运动因为政府对企业的支持而只能得到有限的政治机会，唯一支持他们的外部团体熊本大学也因政府的压力而沉默。20 世纪 60 年代中期，日本中央机构对污染问题的态度、环境法律法规的颁布以及学生、媒体文化工作者对环境的支持让运动的政治机会变大。20 世纪 60 年代末到 20 世纪 70 年代，由该事件引发的"污染会议"召开并且日本出台新的法律法规。20 世纪 70 年代中期，日本全国反污染运动渐渐减少，公众也相信政府已经处理好污染事件，最终使得政治机会逐渐消失。^②

1.2.2.1.2　环境运动与公平正义

近代以来，在西方社会中，公平正义一直是被关注的一个重要的社会议题。因此，在由社会问题而衍生的环境问题中，公平与正义成为西方学者的研究重点。20 世纪 80 年代，在美国北卡罗来纳州反对废弃物填埋场的风波中，参加抗议活动的主要是非洲裔美国人、农民和穷人。^③ 抗议的人们关注贫困、种族因素以及有毒废料的问题。随着一场关于设施分配问题的争论的展开，研究者发现有色人种相比其他种族来说，面临环境风险的可能性更大。又由于媒体进一步宣传曝光，美国爆发了全

---

① WALSH EDWARD, REX WARLAND, D CLAYTON SMITH. Backyards, NIMBYs, and Incinerator Sitings: Implications for Social Movement Theory [J]. Social Problems, 1993, 40 (1): 25-38.

② ALMEIDA PAUL, LINDA BREWSTER STEARNS. Political Opportunities and Local Grassroots Environmental Movements: The Case of Minamata [J]. Social Problems, 1998, 45 (1): 37-60.

③ CUTTER S, L RACE. Class and Environmental Justice [J]. Progress in Human Geography, 1995 (19): 111-122.

国范围激烈的抗议浪潮。① 20 世纪 90 年代以后，环境公平正义的研究范围不断扩大，覆盖面更广，如工人面临杀虫剂的风险②、垃圾填埋场附近居民的死亡率③、儿童面临的风险④等。格顿等人以加利福尼亚州的艾肯县为例，当地的环保组织（CAFE）要求附近企业对池塘进行清污，为了动员本来不愿意参与运动的人，当地的环保组织将运动与正义联系在一起，提出公平就业、反对腐败、工人权利等口号，并且构建多种族、没有歧视的劳动人民的身份认同，通过公平正义有效地进行动员⑤。

1.2.2.1.3　环境运动与组织

在环境运动中，发展的社会中层组织和不断崛起的社会公民力量发挥了钳制政府环境决策结构的作用。美国有关的环保运动数量众多，在研究美国反毒联盟（NTC）时，学者发现，这个组织为 1 300 个环保 NGO 团体提供技术支持。公民毒废管理委员会（CCHW）与美国近 7 000 个环保 NGO 合作。凯鲍等人关注环境公平与组织形成，认为环境组织的产生是在受损公众向政府诉求失败后，受损公众自发成立的组织，并且美国所

①　滕海键. 20 世纪八九十年代美国的环境正义运动 [J]. 河南师范大学学报（哲学社会科学版），2007（6）：143-147.

②　MOHAI P, SAHA R. Historical Context and Hazardous Waste Facility Siting: Understanding Temporal Patterns in Michigan [J]. Social Problems, 2005（52）: 618-648.

③　HARMON M P, COE K. Cancer Mortality in US Counties with Hazardous Waste Sites [J]. Population and Environment, 1993（14）: 463-480.

④　METZGER R, et al. Environmental Health and Hispanic Children [J]. Environmental Health Perspectives, 1995（103）: 25-32.

⑤　GARDNER, FLORENCE, SIMON GREER. Crossing the River: How Local Struggles Build a Broader Movement [J]. Antipode, 2010, 28（2）: 175-192.

谓的"终极正义"的准则构成了环保 NGO 深层次文化背景。①
艾蕾等人从环保组织的转型角度探讨问题。他们以"追求亚拉
巴人（ACE）"为例，研究发现 ACE 在地方环保活动中，虽然
得到了全国型环保组织在技术、资金、法律上的支持，但其组
织本身并没有因为得到外援而发展壮大；相反，组织最终因缺
乏团体的凝聚力而瓦解。② 诺里斯和凯鲍（Norris & Cable）从环
保的发展路径进行讨论。他们发现，环境 NGO 的生命周期为动
员与招募成员、请求精英的支出、诉讼、转型。他们以"死亡
的鸽子河委员会"为例，发现草根运动组织的人数减少引发寡
头政治，该组织拒绝招募草根会员导致权力集中，后因核心成
员在发展观念上的分歧，最后瓦解。③ 克劳斯关注组织中的精英
问题，讨论一位原本不关心政治的画家卡勒是如何成为环境运
动的领导者的，卡勒经历了找相关负责机构、参加市政会议、
向法院起诉三个阶段。在抗争结束后，卡勒还是继续活跃在环
保领域，领导环保行动。④

1.2.2.1.4 环境运动与性别

在西方环境运动中，女性参与是其一大特色。莱文等人认

① CABLE, SHERRY, MICAEL BENSON. Acting Locally: Environmental Injustice and Emergence of Grass-roots Environmental Organizations [J]. Social Problems, 1993, 40 (4): 464-477.

② AELLY, KELLY D, CHARLES E. Frupel and Conner Bailey: The Historical Transformation of a Grassroots Environmental Group [J]. Human Organization, 1995, 54 (4): 410-416.

③ NORRIS G LACHELLE, SHERRY CABLE. The Seeds of Protest: From Elite Initiation to Grassroots Mobilization [J]. Sociological Perspectives, 1994, 37 (2): 247-268.

④ KRAUSS, CELENE. Grass-root Consumer Protests and Toxic Wastes: Developing a Critical Political View [J]. Community Development Journal, 1988, 23 (4): 258-265.

为，女性具有与生俱来的"母性"，比男性更加关注环境问题。① 但是布莱克认为，这种女性的特征与环境关注度没有显著关系。② 克劳斯认为性别、阶级与种族背景对妇女运动有影响。凯鲍讨论了结构自主性对于女性参与环境运动的作用。结构自主性指的是一个人一旦参与大量的社会事务，就会分散精力，没有时间参与社会运动。这个观点改变了妇女的参与性质和性别角色分工，因为男性平时忙于大量的社会事务，所以只有女性参与各种组织活动。③ 布朗（Brown）认为，目前的学术研究对环保运动中的研究主要以个案分析为主，缺乏从宏观上把握女性参与的特征。他们从认知方式的视角进行探讨，女性更倾向于文化理性，并且以主观感知与客观理性来提出观点。④

1.2.2.2　中国环境群体抗争研究

中国环境抗争的研究起步较晚，时间相对较短。然而在新经济形势之下，这方面的研究逐步增多，出现了研究成果不断增多的趋势。近年来，国内环境群体性事件不断增多，其热度也与日俱增，因此学术界对社会抗争事件的理论回应也在不断增多。其主要围绕以下几个方面展开：

---

① LEVINE, ADELINE GORDON. Love Canal: Science, Politics and People [M]. Toronto: Lexington Books, 1982.

② BLOCKER T JEAN, DOUGLAS LEE ECKBERG. Environmental Issues as Women's Issues: General Concerns and Local Hazards [J]. Social Science Quarterly, 1989, 10 (3): 586-593.

③ Cable, Sherry. Women's Social Movement Involvement: The Role of Structural Availability in Recruitment and Participation Processes [J]. The Sociological Quarterly, 1992, 33 (1): 35-50.

④ KRAUSS, CELENE. Women and Toxic Waste Protests: Race, Class and Gender as Resources of Resistance [J]. Qualitative Sociology, 1993, 16 (3): 247-262.

1.2.2.2.1 关于群体抗争的研究

在中国学术界，李连江和欧博文提出了"依法抗争"（Rightful Resistance）的概念，即以政策为依据的抗争，如农民通过使用国家法律、政策维护其经济利益、政治权利免受侵害的活动。于建嵘在李连江的研究的基础上，进一步推进，他通过实地研究考察，提出"以法抗争"的解释框架。[①] 陈鹏提出"法权抗争"的策略，包括上访、诉讼、立法维权三种类型。[②] 董海军先后提出在城市抗争中"弱者身份性武器"和"依势博弈"的概念。[③] 应星提出"气"与"气场"这些具有中国传统的文化因素在农村抗争中的作用。[④] 折晓叶通过10年的观察，认为农民面对抗争所运用的基本策略是非对抗性的抵制方式，即"韧武器"。[⑤] 通过对"艾滋村民"抗争进行考察，王洪伟认为底层抗争存在两种逻辑："以身抗争"与"合法抗争"。[⑥] 张磊对业主维权研究发现，维权骨干的领导、业委会的有效动员是抗争胜利的关键。[⑦]

① 于建嵘. 当前农民维权活动的一个解释框架 [J]. 社会学研究, 2004 (2): 49-55.

② 陈鹏. 当代中国城市业主的法权抗争: 关于业主维权活动的一个分析框架 [J]. 社会学研究, 2010 (1): 38-67.

③ 董海军. "作为武器的弱者身份": 农民维权抗争的底层政治 [J]. 社会, 2008 (4): 34-58.

④ 应星. "气场"与群体性事件的发生机制: 两个个案的比较 [J]. 社会学研究, 2009 (6): 105-121.

⑤ 折晓叶. 合作与非对抗性抵制——弱者的韧武器 [J]. 社会学研究, 2008 (3): 1-28.

⑥ 王洪伟. 当代中国底层社会"以身抗争"的效度和限度分析: 一个"艾滋村民"抗争维权的启示 [J]. 社会, 2010 (2): 215-234.

⑦ 张磊. 业主维权运动: 产生原因及动员机制——对北京市几个小区个案的考查 [J]. 社会学研究, 2005 (6): 1-39.

1.2.2.2.2 环境群体抗争研究

第一，环境群体抗争的动力与困境。从外在动力来看，张玉林提出环境群体抗争发生的根源在于当地企业与政府共谋利益，产生地方政府注重增长忽视污染的"政经一体化"的经济特征，这是催生中国农村环境恶化与群体抗争的动力机制。① 童志锋认为，引发中国环境群体抗争的因素包括媒体逐渐开放、依法治国、分化的行政体系。② 朱海忠在分析苏北某村铅中毒案例时，将抗争的政治机会分为两个部分，一是结构性机会，其中相对开放的媒体作用较大；二是象征性机会，如中央与地方政府间的张力等。③ 松泽指出，中国的环保行动已经取得了合法性，公民利用技术表达不满、NGO 与跨国机构结成同盟等方面有利于环境受害者维护他们的权益。④ 皮特·何等人认为，有限政治空间通过语境化和关系网络来推动环境运动的发展。⑤ 陈占江对湖南农民环境抗争调查发现，从计划经济时代到市场经济时期，政治机会结构和利益结构的转型导致村民从集体沉默走向抗争。⑥ 郇庆治指出，中国出现了前所未有的有利"政治机会环境"，但 NGO 采取观望甚至主动划清界限的方式，在环境集

---

① 张玉林. 中国农村环境恶化与冲突加剧的动力机制 [M] //吴敬琏，江平. 洪范评论：第九辑. 北京：中国法制出版社，2007.

② 童志锋. 政治机会结构变迁与农村集体行动的生成——基于环境抗争的研究 [J]，理论月刊，2013 (3)：161-165.

③ 朱海忠. 政治机会结构与农民环境抗争——苏北 N 村铅中毒事件的个案研究 [J]. 中国农业大学学报 (社会科学版)，2013 (1)：102-110.

④ MATSUZAWA S. Citizen Environmental Activism in China：Legitimacy, Alliances, and Rights-based Discourses [J]. Asia Network Exchange，2012 (2)：81-91.

⑤ P HO, R L EDMONDS. Perspectives of Time and Change：Rethinking Embedded Environmental Activism in China [J]. China Information，2007，21 (2)：331-344.

⑥ 陈占江，包智明. 制度变迁、利益分化与农民环境抗争——以湖南省 X 市 Z 地区为个案 [J]. 中央民族大学学报 (哲学社会科学版)，2013 (4)：50-61.

体抗议事件中频频缺位。① 邓燕华、王全权等学者从环境正义的角度解释了环境群体抗争发生的原因。②

从内在动力来看，文化、价值观、认知、社会心理等因素往往成为诱发环境群体抗争的推动力。朱伟等人指出，"怨恨情绪""地域情感""集体认同感"是影响邻避行动的重要变量。③ 张国磊等人认为，民众的环保意识的觉醒是发生抗争行为的内因。④ 景军指出，我国学界对环境抗争的分析落入实用性的陷阱，对环境抗争的文化因素和力量解析不够深刻。⑤ 刘春燕在研究小溪村个案时发现村民因与矿主经济收入差距的拉大而感受到强烈的相对剥夺感，钨矿厂私有化和私人对共同环境的占有是村民不满情绪的起点，然而环境问题协商过程中矿主冷淡的态度更激发了村民对环境"零成本"现象的强烈不满。⑥ 周志家通过问卷调查发现，在厦门PX环境抗争中，社会动机，即个体迫于群体压力而采取行动是影响各类参与行为最为显著的共同因素。⑦ 童志锋试图从边界、意识和仪式三个集体认同角度上

① 郇庆治."政治机会结构"视角下的中国环境运动及其战略选择 [J]. 南京工业大学学报（社会科学版），2012 (4)：28-35.

② YANHUA DENG, GUOBIN YANG. Pollution and Protest in China：Environmental Mobilization in Context [J]. The China Quarterly, 2013, 214：321-336.

③ 朱伟，孔繁斌.中国毗邻运动的发生逻辑——一个解释框架及其运用 [J]. 行政论坛，2014 (3)：67-73.

④ 姚圣，程娜，武杨若楠.环境群体事件：根源、遏制与杜绝 [J]. 中国矿业大学学报（社会科学版），2014 (1)：98-103.

⑤ 景军.认知与自觉：一个西北乡村的环境抗争 [J]. 中国农业大学学报（社会科学版），2009 (4)：5-14.

⑥ 刘春燕.中国农民的环境公正意识与行动取向——以小溪村为例 [J]. 社会，2012 (1)：174-196.

⑦ 周志家.环境保护、群体压力还是利益波及，厦门居民PX环境运动参与行为的动机分析 [J]. 社会，2011 (1)：1-34.

分析认同构建的过程，以此揭示农民环境抗争条件。①

　　第二，环境群体抗争的阶段与特征。关于环境群体抗争的阶段研究，孟军借用刘能提出的理论框架②，即怨恨的变量、精英分子及其组织能力、参与的理性计算三个变量，分析环境群体性事件的过程。③ 孟卫东等人将邻避冲突引发的城市环境群体抗争的演化过程分成六个阶段：冲突潜伏、个人理性抗争、群体理性抗争、观点交互阶段、群体非理性抗争阶段、冲突处理及评价阶段。④ 彭小兵等人提出在环境群体性事件演变过程中利益相关者的博弈过程包括动员能力生产和反动员能力潜伏阶段、共时态生产阶段、超常规生产阶段、稳定生产阶段。⑤ 张孝廷分析了环境抗争事件的行动机制，分为触发机制、动员机制、扩散机制、回应机制。⑥ 何艳玲基于邻避个案分析了抗争过程的不同阶段，即个体理性抗议阶段、集体理性抗议阶段、无抗议阶段、集体非理性抗议阶段、个体多形态抗议阶段。⑦ 墨绍山提出环境群体性事件的演化模型：从严重的环境污染至正式利益途径表达。如果表达有效，政府机关介入后环境改善或污染被终

　　① 童志锋.认同建构与农民集体行动——以环境抗争事件为例 [J].中共杭州市委党校学报，2011 (1)：74-80.

　　② 刘能.怨恨解释、动员结构和理性选择——有关中国都市地区集体行动发生可能性的分析 [J].开放时代，2004 (4)：57-70.

　　③ 孟军，巩汉强.环境污染诱致型群体性事件的过程——变量分析 [J].宁夏党校学报，2010，12 (3)：90-93.

　　④ 孟卫东，佟林杰."邻避冲突"引发群体性事件的演化机理与应对策略研究 [J].吉林师范大学学报 (人文社会科学版) [J].2013，41 (4)：68-70.

　　⑤ 彭小兵，朱沁怡.邻避效应向环境群体性事件转化的机理研究——以四川什邡事件为例 [J].上海行政学院学报，2014 (6)：78-89.

　　⑥ 张孝廷.环境污染、集体抗争与行动机制：以长三角地区为例 [J].甘肃理论学刊，2013 (2)：21-26.

　　⑦ 何艳玲."中国式"邻避冲突：基于事件的分析 [J].开放时代，2009 (12)：102-114.

止；如果表达无效，居民采取群体行动，诱发环境群体性事件。① 童志锋通过个案分析认为，环境抗争事件展现了组织模式从无组织化到维权组织再到环境正义团体发展的可能路径。②

对于环境群体抗争的特征研究，邱家林发现，环境风险类群体性事件具有广泛参与性、计划性、诉求明确性等特点。③ 余光辉认为，环境群体性事件具有矛盾相对复杂、事件效仿性强、治理周期长、事件容易反复发生、城郊接合部与农村易发生等特点。④ 张华等人提出，环境群体抗争一般发生在社会发展程度比较高的地区，参与成员日渐复杂化，诉求日益多元化，不仅局限于经济利益，还有环境政策的参与诉求和知情诉求。⑤ 程雨燕认为，目前环境群体性事件具有发展形势严峻、预警较容易、参与者诉求多样化、地域复杂性、规模化对抗等特点。⑥

第三，环境群体抗争的资源与策略。在行动前，什么样的环境抗争容易成功？冯仕政实证研究发现，社会经济地位越高、关系网越强、疏通能力越强的个人，越有可能做出环境抗争，

---

① 墨绍山. 环境群体事件危机管理：发生机制及干预对策 [J]. 西北农林科技大学学报（社会科学版），2013（5）：145-151.

② 童志锋. 变动的环境组织模式与发展的环境运动网络——对福建省 P 县一起环境抗争运动的分析 [J]. 南京工业大学学报（社会科学版），2014（1）：86-93.

③ 邱家林. 环境风险类群体性事件的特点、成因及对策分析 [D]. 长春：吉林大学，2012.

④ 余光辉，陶建军，袁开国，等. 环境群体性事件的解决对策 [J]. 环境保护，2010（19）：29-31.

⑤ 张华，王宁. 当前我国涉环境群体性事件的特征、成因与应对思考 [J]. 中共济南市委党校学报，2010（3）：79-82.

⑥ 程雨燕. 环境群体性事件的特点、原因及其法律对策 [J]. 广东行政学院报，2007（4）：46-49.

反之亦然，这与差序格局的背景有关。① 石发勇发现，善用关系网络为"武器"的街区环境抗争更容易取得成功。②

在抗争者资源的利用和行动策略的选择上，罗亚娟在分析苏北东井村村民环境抗争的个案时，发现村民先以砸门窗、拆烟筒、堵水道等方式与污染企业斗争，而后尝试联系媒体解决问题，并进行司法诉讼，虽然未取得预期结果，但对污染企业的迁移起到重要作用。③ 陈晓运等人研究都市女性参与反对垃圾焚烧厂建设时发现，女性的行动选择既包括以"弱者身份作为武器"的示弱策略，也包括在垃圾分类中的身体力行，并且借助互联网和媒体传达呼声。④ 基于苏北地区农民环境抗争行为的研究，罗亚娟发现，苏北农民抗争行为的实践逻辑不能用现有"依法抗争"框架来解释，而是"依情理抗争"。⑤ 李晨璐等人在分析海村时，关注其初期原始的抵抗方式，这些方式尽管不提倡但具有一定效用。⑥ 曾繁旭等人在考察垃圾焚烧个案时，关注抗争中的企业家是如何依托互联网平台形成相对民主的组织、动员和决策模式的。⑦

① 冯仕政. 沉默的大多数：差序格局与环境抗争 [J]. 中国人民大学学报，2007 (1)：122-132.

② 石发勇. 关系网络与当代中国基层社会运动——以一个街区环保运动个案为例 [J]. 学海，2005 (3)：76-88.

③ 罗亚娟. 乡村工业污染中的环境抗争——东井村个案研究 [J]. 学海，2010 (2)：91-97.

④ 陈晓运，段然. 游走在家园与社会之间：环境抗争中的都市女性——以G市市民反对垃圾焚烧发电厂建设为例 [J]. 开放时代，2011 (9)：131-147.

⑤ 罗亚娟. 乡村工业污染中的环境抗争——东井村个案研究 [J]. 学海，2010 (2)：91-97.

⑥ 李晨璐，赵旭东. 群体性事件中的原始抵抗——以浙东海村环境抗争事件为例 [J]. 社会，2012 (5)：179-193.

⑦ 曾繁旭，黄广生，刘黎明. 运动企业家的虚拟组织：互联网与当代中国社会抗争的新模式 [J]. 开放时代，2013 (3)：168-187.

第四，环境群体抗争的防治与应对。环境群体抗争因环境恶化而起，环境保护与治理迫在眉睫。俞可平提出，治理过程需要开放、参与和合作的多元治理模式。① 李侃如提出，政府需要从更加宏观的视角进行环境治理，如改善地方环保局的机构职责。②

冉冉在田野调查中发现，干部考核机制具有压力型体制特征，未能起到有效的政治激励作用，因此地方环境治理成败的关键是能否从传统威权国家的压力型体制走向民主合作制。③ 郑思齐等人认为，政府应该通过加大环境治理投入、调整产业结构等方式来改善城市环境污染状况。④ 唐任伍等人强调在环境治理中的元理论，如社会网络治理主体地位平等，强调市场的资源配置作用，促进公众参与，政策制定科学、明确、细化。⑤

关于环境群体抗争的预防和应对方面，政府、法律、公众常常被提及。曲建平等人提出转变经济增长方式、完善环境法律体系、畅通利益诉求的渠道、坚持教育和打击并举等措施。⑥ 郎友兴的研究表明，除了 GDP 主义的消极影响，利益集团对环境决策和环境执法的绝对掌控是造成乡村环境抗争不断升级的另一重要原因。相对于自由主义的民主制度及其技术官僚的行政体制，商议性民主机制是环境治理的发展方向。在哈贝马斯

① 俞可平. 治理与善治 [M]. 北京：社会科学文献出版社，2000.

② KENNETH LIEBERTHAL. China's Governing System and Its Impact on Environmental Policy Implementation [J]. China Environment Series, 1997 (1): 3-8.

③ 冉冉."压力型体制"下的政治激励与地方环境治理 [J]. 经济社会体制比较，2013 (3): 111-118.

④ 郑思齐，万广华，孙伟增，等. 公众诉求与城市环境治理 [J]. 管理世界，2013 (6): 72-84.

⑤ 唐任伍，李澄. 元治理视阈下中国环境治理的策略选择 [J]. 中国人口资源与环境，2014 (2): 18-22.

⑥ 曲建平，应培国. 环境污染引发的群体性事件成因及解决路径 [J]. 公安学刊，2011 (5): 24-28.

那里，制度化民主表现在议会、选举、行政管理等制度性活动中，而商谈民主体现于公众广泛的交往行动。朱海清等人认为，政府在处理环境群体抗争事件时要建立环境正义的定量评价机制，完善环境信息公开制度，加强环境风险沟通中的公民参与，通过利益补偿实施环境风险的均衡分配。① 谭爽等人认为，政府在应对邻避型抗争时，应该尊重公民权利，实现共同决策，保障专家独立，提高评估质量。② 商磊认为，政府要想处理好环境群体性事件，需要发挥公益性环保组织的作用，健全环保法律法规，畅通民众维权渠道，转变经济发展思路。③ 汤汇浩认为，政府在环境项目决策过程中需要倾听民意，做好信息公开工作，召开听证会。④

1.2.2.3 新媒体与环境群体抗争关系研究

环境群体抗争是一种典型的集体行动，因此关于新媒体与环境群体抗争关系研究首先需要从新媒体与集体行动的关系说起。最具有代表性的观点是凯利·加勒特（R. Kelly Garrett）基于麦克亚当（McAdam）、麦卡锡和若尔德等人提出的集体行动的理论框架，即将互联网对集体行动的影响和作用分为三个方面：动员结构、机会结构、框架化工具。关于新媒体与环境群体抗争的研究，美国学者林茨通过埃及革命个案提出社交媒体对集体行动产生的作用：更容易协调不满的市民公开行动，通过信息瀑布流提高抗争者对成功的预判，提高统治者对运动的

---

① 朱清海，宋涛. 环境正义视角下的邻避冲突与治理机制 [J]. 湖北省社会主义学院学报，2013（4）：70-74.

② 谭爽，胡象明. 环境污染型邻避冲突管理中的政府职能缺失与对策分析 [J]. 北京社会科学，2014（5）：37-42.

③ 商磊. 由环境问题引起的群体性事件发生成因及解决路径 [J]. 首都师范大学学报（社会科学版），2009（5）：126-130.

④ 汤汇浩. 邻避效应：公益性项目的补偿机制与公民参与 [J]. 中国行政管理，2011（7）：111-114.

镇压成本，增加了其他区域乃至全球公众的注意力。①

在动员结构方面，学者从工具性和心理性角度进行了许多探讨。② 雷兹诺夫（Leizerov）认为互联网降低了信息发布与获取成本，对政治参与产生正面影响。③ 汉普顿（Hampton）指出，在线社区生成大量的弱邻里关系，能够成为群体行动动员的工具，能更有效地克服"搭便车"的问题。④ 有研究者发现互联网推动下的市民政治参与取决于其政治兴趣。⑤ 有研究者指出，互联网能够提升个人的政治效能，从而促进集体行动的参与。⑥ 学者胡泳认为，网络为社会的集体组织和行动提供了新的媒介和手段，同时也扩展了组织的形式。⑦ 因此，从新媒体的交互性、及时性等传播属性出发，新媒体能够扩大传播规模，给社会运动的动员带来巨大潜力。⑧

在政治机会结构方面，艾尔斯（Ayres）从国际环境的视角

---

① LYNCH M. After Egypt：The Limits and Promise of Online Challenges to the Authoritarian Arab State ［J］. Perspectives on Politics，2011，9（2）：301-310.

② 包智明，陈占江. 中国经验的环境之维：向度及其限度——对中国环境社会学研究的回顾与反思 ［J］. 社会学研究，2011（6）：196-210.

③ LEIZEROV S. Privacy Advocacy Groups Versus Intel：A Case Study of How Social Movements are Tactically Using the Internet to Fight Corporations ［J］. Social Science Computer Review，2000（18）：461-483.

④ HAMPTON，KEITH N. Grieving for a Lost Network：Collective Action in a Wired Suburb ［J］. Information Society 2003，19（5）：417-428.

⑤ XENOS MICHAEL，PATRICIA MOY. Direct and Differential Effects of the Internet on Political and Civic Engagement ［J］. Journal of Communication，2007，57（4）：704-718.

⑥ WANG，SONG-IN. Political Use of the Internet，Political Attitudes and Political Participation ［J］. Asian Journal of Communication，2007，17（4）：381-395.

⑦ 胡泳. 众声喧哗：网络时代的个人表达与公共讨论 ［M］. 桂林：广西师范大学出版社，2008：14-17.

⑧ SCOTT A，J STRET. From Media Politics Toe-protest ［J］. Information，Communication & Society，2000（2）.

出发，认为新媒体技术促进了跨国社会运动，间接影响国内的政治机会结构。① 新媒体有利于行动者建立全球网络，在全世界范围内收集信息和制定策略。② 有学者认为，新媒体提供了一种抵制管制的传播模式，降低了国家机构对运动镇压的可能性，进而产生更多的政治机会。③ 曾繁旭认为，媒体促进社会与国家形成"媒体市民社会"，创造政治机会结构。卡瓦诺（Kavanaugh）认为，使用者自身状况及互联网使用方式影响社会资本。拥有弱联系的个人在使用互联网的时候能够提高他们教育社区公众及组织集体行动的能力。④

新媒体在作为框架化工具方面，能促进公共领域的产生。劳里·库特纳（Laurie A. Kutner）认为，新媒体是一个相对自由、多元表达观点的公共空间，对塑造话题有利。⑤ 加勒特（Garrett R. K）认为，在线讨论有助于公共舆论的形成。有学者认为，行动者不必依赖传统媒体，就可以对社会运动进行框架建构。⑥ 当然，不少学者发现互联网信息中充斥着虚假消息，很

① AYRES, JEFFREY M. From the Streets to the Internet: The Cyber-diffusion of Contention [J]. The Annals of The American Academy of Political and Social Science, 1999, 566 (1): 132-143.

② DINAI M, P R DONATI. Organizational Change in Western European Environmental Groups: A Framework for Anaylsis [J]. Environmental Politics, 1999, 8 (1): 13-34.

③ GARRETT R K. Protest in an Information Society: A Review of Literature on Social Movement and the NEW ICTs [J]. Information Communication and Socience, 2006, 9 (2): 202-204.

④ KAVANAUGH, ANDREAL L, et al. Weak Ties in Networked Communities [J]. The Information Society, 2005 (21): 119-131.

⑤ KUTNER L. Environmental Activism and the Internet [J]. Electronic Green Journal, 2000 (1).

⑥ MYERS, DANIEL J. The Diffusion of Collective Violence: Infectiousness, Susceptibility, and Mass Media Networks [J]. American Journal of Sociology, 2006, 106 (1): 173-208.

容易导致虚拟领域的碎片化，并进而导致群体激化。①

在环境群体抗争中②，王全权等人提出，新媒体增强了环境行动者集体认同感，提升了组织能力，扩大了社会资本。③ 童志锋从动员结构、政治参与、公共舆论方面探讨了互联网在中国民间环境运动的发展。④ 郭小平认为，互联网促进环保运动的信息流通并提升其社会动员效果，为公众的环境表达"赋权"，但互联网会带来社会风险，如激化公众"表演性"环保抗争、散布作为"弱者的武器"的网络谣言。⑤ 任丙强通过案例研究发现，互联网作为一种动员工具，能够克服组织缺乏的限制，为城市居民提供了讨论问题的空间；克服缺乏公共空间的限制并绕过公共权力的某些控制；能够产生一种新型社会资本，有利于克服集体行动的困境。周裕琼认为，中国现阶段的环境抗争缺乏专业化、组织化的社会动员体系，新媒体在行动者内部动员中发挥了重要的虚拟组织功能，而来自传统媒体的关注则是行动者外部动员成功的关键。⑥ 徐迎春在个案分析时发现新媒体能凭借其传播优势和强大的信息披露能力构建公共讨论空间。⑦

①　L J DAHLBERG. Extending the Public Sphere Through Cyberspace：The Case of Minnesota e-Democracy［J］. First Monday，2001，6（3）.

②　陈涛. 中国的环境抗争：一项文献研究［J］. 河海大学学报（哲学社会科学版），2014（1）：33-43.

③　王全权，陈相雨. 网络赋权与环境抗争［J］. 江海学刊，2013（4）：101-107.

④　童志锋. 互联网、社会媒体与中国民间环境运动的发展（2003—2012）［J］. 社会学评论，2013（4）：52-62.

⑤　郭小平."邻避冲突"中的新媒体、公民记者与环境公民社会的"善治"［J］. 国际新闻界，2013，35（5）：52-61.

⑥　周裕琼，蒋小艳. 环境抗争的话语建构、选择与传承［J］. 深圳大学学报（人文社会科学版），2014（3）：131-140.

⑦　徐迎春. 环境传播对中国绿色公共领域的建构与影响研究［D］. 杭州：浙江大学，2012.

1.3 理论基础

1.3.1 抗争政治理论

抗争政治理论与社会运动理论和革命理论密切相关，在某种程度上相互交叉，抗争政治理论是在对这些理论的继承和发展之上完成的。蒂利是抗争政治理论的集大成者，他和塔罗出版的《抗争政治》构建了抗争政治理论的框架。抗争政治理论被定义为行动者和他们的抗争对象之间的偶尔发生的、具有公众诉求的集体的相互作用。[①] 抗争理论实现了学科之间的融合与交叉，将不同形式的抗争统一于一个大分析框架，为开启研究民众抗争提供了全新视角。

抗争政治理论是本书主要借鉴和吸收的理论。其主要原因为：一是抗争政治理论突出"国家的重要性"，国家是卷入其中的关键行为主体之一，在中国的环境群体抗争中，公众都会不可避免地与政府打交道。政府无论是作为仲裁者，还是作为环境污染或风险的"肇事者"，始终都成为公众最重要的诉求对象，这与蒂利的抗争政治内涵相似。[②] 二是本书借鉴了蒂利运用的别具匠心的分析方法——"机制—过程"分析方法。该方法包括先对过程进行描述，之后将过程分解为基本原因，最后转化为更一般的叙述。

---

① 查尔斯·蒂利，西德尼·塔罗. 抗争政治 [M]. 李义中，译. 南京：译林出版社，2010：15.

② 裴宜理. 社会运动理论的发展 [J]. 阎小骏，译. 当代世界社会主义问题，2006（4）：3-12.

1.3.2 社会运动的相关理论

本书吸收和借鉴了社会运动理论的成果，对环境群体抗争进行分析。20世纪80年代，社会运动研究已经成为西方社会最为繁荣的学术领域之一，研究呈爆炸式增长。[①]

1.3.2.1 社会运动古典理论

关于心理取向的研究强调集体行动者在很大程度上受不满、怨恨的情绪和心理因素的影响，具有非理性的倾向，将集体行为视为因"人群意识"传播而令理性控制崩溃的结果。法国学者古斯塔夫·勒庞（Gustave Le Bon）是这一研究的鼻祖，他认为，个人的思想容易受到群体的感染变得疯狂而非理性，随着参与人数逐渐增多并且相互影响和启发，最终致使群体的行为和思想趋于一致。[②] 布鲁默（H. Blumer）和特纳（Ralph H. Turner）认为，集体行动的形成需要的共同心理，包括集体意识、思想和集体兴奋。[③] 斯梅尔塞（Smelser, 1962）提出了加值理论模型，认为六大因素（包括结构性诱因、怨恨及剥夺感、一般信念、有效动员、诱发因素和社会控制力下降）不断累加导致了集体行为的发生。格尔（Ted Robert Gurr, 1970）发展了相对剥削理论，定义相对剥削为人们对"价值期望"与"价值能力"的差距的主观感觉。他认为，被剥夺感越强，人们形成运动的可能性也就越大。[④]

① MYER，D TARROW S. A Social Movement Society：Contentions Politics for a New Century ［M］. Lanham：Rowman & Littlefield Publishers，1998.

② GUSTAVE LE BON. The Crowd：A Study of the Popular Mind, Marietta ［M］. Georgia：Larlin，1982.

③ ALFRED MCCLUNG LEE. New Outline of the Principles of Sociology ［M］. New York：Barnes & Noble，Inc.，1946：170-177.

④ T R GURR. Why Men Rebel ［M］. N J：Princeton University Press，1970.

1.3.2.2 资源动员理论

在理性取向的研究者看来，社会运动的参与者并非是非理性的行动，个人是否参与集体行动取决于他在该行动中获取的收益和付出的代价的权衡。学者奥尔森率先将理性选择的思想引入社会运动研究领域，提出存在"搭便车"现象。他认为，既然每个社会成员都能享受公共物品的好处，坐享他人付出成为"理性人"的最佳选择，那么只有通过强制、选择性奖励等手段才能解决该问题。① 奥伯肖尔（Anthony Oberschall）肯定"选择性奖励"在集体行动中的作用，并指出外部资源，如精英的支持对集体行动的重要程度。② 麦卡锡等人认为，资源动员和专业化是决定集体行动的重要因素。③ 康豪瑟（William Kornhauser）将集体行动视为理性化的组织化过程。④ 麦克亚当（McAdam）指出了网络在集体行动中的沟通和团结功能。⑤

1.3.2.3 社会建构取向——政治过程理论

政治过程理论承认理性人的前提假设，关注政治体制、结构对社会运动的影响。塔罗等人将此定义为影响社会运动参与度的政治环境，政治机会的多寡决定社会运动是否兴起。⑥ 麦克

① MANCUR OLSON. The Logic of Collective Action ［M］. Cambridge：Cambridge University Press，1965.

② OBERSCHALL ANTHONY. Social Conflict and Social Movements ［M］. N J：Prentice-Hall，1973.

③ JOHN D MCCARTHY，MAYER N ZALD. The Trend of Social Movement in America：Professionalization and Resource Mobilization，Morristown ［M］. N J：General Learning Corporation，1973.

④ WILLIAM KORNHAUSER. The Politics of Mass Society ［M］. NewYork：Free Press，1959.

⑤ D MCADAM. Political Process and the Development of Black Insurgency 1930—1970 ［M］. Chicago：University of Chicago Press，1982.

⑥ SIDNEY TARROW. Power in Movement ［M］. New York：Cambridge University Press，1994.

亚当（D. McAdam）提出了"政治过程模型"，认为政治机会结构、基层组织资源、认知解放、运动所处的社会经济环境四种因素共同推动社会运动。[①] 蒂利（Charles Tilly，1975）等人提出了政体模型，认为政体有政体成员和非政体成员，非政体成员可以采用两种途径对政体产生影响，要么通过体制化过程进入政体，要么致力于打破政体，即发生社会运动乃至革命。[②] 此外，蒂利提出，参与者的利益驱动、组织与能力、个体参与集体行动的推动或阻碍因素、政治机会结构等，决定了集体行动成功与否。[③]

1.3.2.4 文化取向——社会建构理论

社会建构理论强调的是符号、价值、身份等因素的作用，尤其强调意义建构对于社会运动和集体行动的重要性。伦布克（Jerry Lembcke）认为，工人阶级的文化对工人阶级的力量产生重要影响。[④] 克兰德尔曼斯（Bert Klandermans）提出，社会构建的核心内容是集体信仰及其形成和转化的方式。他认为，社会建构可以从集体身份、说服性沟通、意识提升三个层次来讨论。[⑤] 戈夫曼将"框架"概念引入社会学，为研究提供了新的思路和角度。[⑥]

---

① MCADAM D. Political Process and the Development of Black Insurgency 1930—1970 [M]. Chicago：University of Chicago Press，1982.

② CHARLES TILLY. The Formation of National States in Western Europe [M]. Princeton：Princeton University Press，1975.

③ C TILLY. From Mobilization to Revolution [M]. Mass：Addison‐Wesley，1978.

④ JERRY LEE LEMBCKE. Labor History [J]. Science & Society，1995，59（2）：137‐173.

⑤ KLANDERMANS BERT. The Social Psychology of Protest [M]. Cambridge：Blackwell Publishers，1997.

⑥ ERVING GOFFMAN. Frame Analysis [M]. NewYork：Harper & Row Publisher，1974.

本书在研究环境群体抗争时，主要吸收和借鉴上述三种理论成果。崩溃学说中强调"社会怨恨"，这与中国环境群体抗争中被环境污染损害利益的公众的心理活动相符合。资源动员理论可以解释环境抗争中动员的过程，资源的利用可分为内在资源的利用和外在资源的利用，如新媒体就可以被视为一种抗争资源。政治过程理论特别关注运动发生的制度背景，正是这些不同的社会制度为环境群体抗争创造政治机会结构，这是决定抗争行为能否发生的重要因素。

1.4　研究方法

本书采取定量和定性的研究方法，具体内容如下：

1.4.1　资料统计法

本书收集国家环境保护总局、中国互联网络信息中心、国家统计局、绿色家园、自然之友等政府部门或机构公布的统计资料，如《国家统计年鉴》《中国环境统计公报》等资料，选取 2003—2013 年全国国内生产总值（GDP，下同）、人均 GDP、工业废水排放量、固体废弃物产生量、工业废气及工业烟尘排放总量、环境治理投入额、环境治理投入占 GDP 比重，在此基础上进行统计分析，并与本书中其他途径获得的数据匹配做相关分析。

1.4.2　内容分析法

内容分析法是新闻传播学领域主要的研究方法之一，其研究方法有定性和定量两种取向。本书主要采取的是定量取向的内容分析法，是一种对显性传播内容进行客观、系统和定量化描述的研究技术。①

1.4.2.1　样本选择

本书样本的选取借助了上海交通大学专业舆情监测系统软件，笔者通过该数据库对2003—2014年以来12年间的2 000余起环境类舆情热点事进行编码，筛选出600余起有环境群体性事件的案例；再按照热度，从高到低选出前150起案例构成本次研究的对象。需要说明的是，环境群体性事件在中国比较敏感，因此会出现"删帖"的情况，因此在筛选个案的时候，还要将这个因素考虑进去，在尽量保证分析或统计有效的情况下，筛选高质量样本。

1.4.2.2　编码类别

根据本书研究的问题和目的，对于环境群体性事件，适用于内容分析的研究包括四大块：一是环境群体抗争的特点，主要包括发生地、抗争诉求、参与规模；二是环境群体抗争的演变过程，主要包括议题的分类、抗争的方式、抗争的结果；三是行为主体的研究，主要包括政府的干预方式、精英群体的参与情况、环境NGO的参与情况、企业参与情况、专家参与情况等；四是新媒体传播的研究，主要包括首曝媒体情况、谣言传播及网络舆情持续时间等（具体参见附录）。

1.4.2.3　数据处理

本书对每个舆情事件采用双人编码，第三人双重审校的方式进行，其信度达到87%，数据分析使用Spss20.0软件，采取频数统计、相关分析、卡方检验等描述性的统计方法。

1.4.3　个案研究法

近年来，环境群体抗争的个案发生较多，这为本书研究的

---

① BERELSON B. Content Analysis in Communication Research ［M］. Glencoe：Free Press，1952：111.

理论论证、观点验证提供了详实的资料。在研究新媒体在环境抗争中的作用时，笔者根据不同案例发生的时间，共选择了四个典型案例，重点进行个案分析，借以归纳出新媒体在环境群体抗争中的机制和作用。此外，在其他章节中，笔者也通过案例分析，佐证本书的观点。

1.4.4 深度访谈法

笔者对 2014 年 2~3 起环境群体抗争事件当事人、意见领袖、政府机构、环境 NGO 做深度访谈，深入了解访谈对象的态度、价值观和情感倾向等，获取第一手的鲜活资料并进行细致入微的剖析，听取他们对谣言应对管理的对策建议等，为研究数据的收集提供材料。

1.5 研究创新

综上所述，本书的研究的主要创新之处可以归纳为：采取新研究材料，借助新的研究方式和技术路线，既可以丰富工科研究中的变量设计，又可对以往传统社会科学研究中实证不足的缺憾予以一定补充。

1.5.1 研究角度创新

以往研究大多数是对某个单一的环境个案或某类环境议题的专门研究，缺乏整体、纵贯且系统的研究，对不同类型的环境抗争研究也多为浅尝辄止，尚无对一个时期的环境抗争进行历史分析。本书的研究以 2003—2014 年发生的环境群体性事件为研究对象，并且这段时间是中国新媒体发展的高峰时期，以期从广度上勾勒出展示新媒体时代中国环境群体性事件的全景图，有助于全面、系统地了解这个时期中国环境群体抗争的特征，并为政府应对和治理环境抗争提出策略框架。

1.5.2　研究方法创新

通过文献回顾发现，学界关于环境群体抗争的研究方法较为单一，定量研究缺乏，主要以定性研究为主。本书的研究立足于定量和定性相结合的方法，既有对 150 起案例进行编码统计，包括事件特点、传播规律、政府干预的信息收集，又有对个案的深入调查和分析。同时，本书的研究采用"史论结合"的方法，既有对中国环境抗争的发展历程的梳理，也有对新媒体背景下的环境抗争现状的论述。本书将环境群体抗争研究放进宏观的历史大背景中考量，更能深刻地理解新媒体传播环境下环境群体性事件的特点。

1.5.3　研究素材创新

以往关于环境群体抗争的研究样本数量多为单个或几个。本书的研究基于海量数据库，采集 2003—2014 年关于环境类社会动员案例 150 起，案例较为全面、完善，为研究提供了丰富的素材和信息。

2 中国环境群体抗争的现状

2.1 新媒体环境下中国环境群体抗争的诱发因素

进入 21 世纪，我国进入经济高速发展时期，GDP 平均每年约 10% 的增长率令世人瞩目，但伴随而来的却是各种社会问题及矛盾：贫富差距加大、资源消耗和环境污染严重。有学者统计，中国社会冲突主要集中在征地拆迁、劳资关系和环境保护三个焦点上，由这些问题引发的群体性事件占比分别为 50%、30%、20%。①由此可见，环境问题引发的群体性事件已经成为中国社会问题发生机制上的重要环节，这些环境问题折射出不同社会阶层和群体的利益冲突以及经济发展与环境保护、地方治理与公众参与等多种社会结构性矛盾，有着深刻的基础性、社会性、结构性根源。

---

① 陆学艺，李培林，陈光金. 2013 年中国社会形势分析与预测［M］. 北京：社会科学出版社，2013.

2.1.1 环境群体抗争发生的直接原因

2.1.1.1 中国环境污染问题在一定时期存在加剧

工业化快速发展往往以牺牲环境资源为代价。总体来讲，"目前，中国的环境形势步入'局部好转，总体恶化'的阶段"。根据《国家统计年鉴》《中国环境统计公报》等资料，本书选取 2003—2013 年全国 GDP、人均 GDP、工业废水排放量、工业废气排放量、工业烟尘排放量、工业固体废弃物产生量、环境治理投入额、环境治理投入占 GDP 比重 8 个反映经济发展的数据指标，与环境污染的变量进行比较。通过相关分析得知，11 年间我国的 GDP 总量与工业废气（$R=0.977$，$P<0.05$）、工业固体废弃物（$R=0.984$，$P<0.05$）、环境治理投入（$R=0.983$，$P<0.05$）呈显著正相关。随着 GDP 的增长，我国的工业废气、工业固体废弃物排放量随之增加，国家在环境治理的投入也越来越大。

11 年间，我国 GDP 总量增长迅猛，如图 2.1 所示，从 2003 年的 164 990 亿元增长到 2013 年的 949 460 亿元，同时环境污染排放物除工业废水排放较为稳定外，其他类型的排放物均增长了几倍。2003 年，我国的工业废气排放量为 198 906 亿标准立方米，工业烟尘排放量为 846.1 万吨，工业固体废弃物排放量为 100 428 万吨。2013 年，我国的工业废气排放量为 669 361 亿标准立方米，工业固体废弃物排放量为 330 859 万吨。2013 年，我国工业废气排放量、工业固体废弃物排放量较 2003 年增加了 2 倍多，工业烟尘排放量增加了 29%（2013 年为 1 094.6 万吨）。2013 年，国家对环境污染治理投入 9 516.5 亿元，比 2003 年增加了约 4.4 倍（2003 年为 1 750.2 亿元）。另外，《2013 年中国环境状况公报》显示，全年全国的平均雾霾日为 35.9 天，较严重的局部地区超过 100 天。另外 74 个根据空气质量新标准监测的城市之中，超标城市比例占95.9%。经过比对约4 800个地下水质量监测点的检测结果，水质较差和极差的比例占到总量的59.6%，而优良水质的比例仅为10.4%。①

从这些指标可以看出环境污染在我国呈现越发严重的趋势。事实上，正是由于环境污染问题已经触碰和危害到公众的生活空间，因此受害者群体加以抗争。再加上政府监管不力，企业违规操作，在强大的经济利益的驱使下，个别地方以环境为代价谋求发展，造成污染加剧和生态破坏。当公众受损的权益得不到维护时，人们只能通过群体抗争的方式来表达诉求。群体抗争事件比较有代表性的是2005年浙江省东阳市发生的"反对化工厂事件"，涉事地画水镇曾经青山绿水、鸟语花香，一直享有东阳"歌山画水"的美誉。自从政府在当地建立工业园区后，企业排放的废气、废水严重污染整个地区的生态环境，直接威胁居民的身体健康甚至生命。污染导致大片苗木枯死、鱼虾灭绝、水稻减产、蔬菜无法种植，一些村民呼吸困难，甚至发生畸形死胎现象，最终酿成环境群体性事件。

2.1.1.2　公众环境意识提升

国内有学者分析比对了1998—2007年这10年中国公民环境意识总的变化，以环境保护意识、行为以及满意度3个角度为主要着眼点。其研究结果表明，1998—2007年，我国公众环境意识的总体水平呈上升趋势，公众对环境的日益关心成为推动公众进行环境参与、追求环境公平与正义的内在动力。②

首先，随着经济全球化浪潮的袭来，西方生态环保思潮涌入中国，极大地促进国民环保意识的苏醒与进步。根据马斯洛

---

① 中华人民共和国环境保护部. 2013年中国环境状况公报 [ED/OL]. (2014-06-15) [2017-07-30]. http://jcs.mep.gov.cn/hjzl/zkgb/2013zkgb/.

② 闫国东，康建成，谢小进，等. 中国公众环境意识的变化趋势 [J]. 中国人口资源与环境，2010 (10)：55-60.

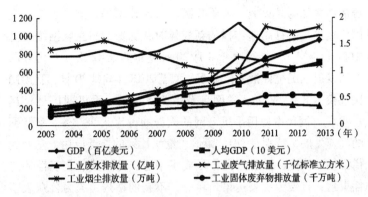

图 2.1 2003—2013 年中国污染物排放量与 GDP 的分布

需求层次理论，当人们生理上的需求（衣、食、住、行等方面）得到满足，生存已不再成为问题后，人们会关注安全上的需求。公众不仅需要得到物质需求的满足，同时也对蓝天白云、绿水青山的环境有需求。因此，人们的物质水平越高，其环境维权意识就越强烈。因为伴随着物质生活的满足，人们越来越在乎自己的身体安危及财产安全，所以人们对生态环境和自然灾害等的关注就越来越高，于是一旦爆发了环境等其他社会问题，就会引起人们的热议。

其次，我国环境保护治理和宣传教育工作的开展使得全社会环境意识深入人心，如一系列"环保风暴"措施强化了民众的环保观念，又如在中国掀起的"世界环境日""地球日"等环保活动，鼓励公众节能减排，倡导绿色消费，提高全民环境意识。

最后，"法不责众"的思想观念深入人心，导致"集体越轨"，或者社会结构变迁过快导致"相对剥夺感"产生，个别人受到不公平对待，导致怨恨情绪爆发继而形成集体行动。

2.1.1.3 新媒体带来多元化的动员渠道

新媒体在群体性事件中得到广泛运用，使之更易成为环境群体性事件的导火线。随着我国互联网技术的发展与普及，我国已经进入信息高速传播的新媒体时代。据中国互联网络信息中心（CNNIC）在 2018 年 8 月 20 日发布的第 42 次《中国互联网络发展状况统计报告》显示，截至 2018 年 6 月 30 日，我国网民规模达 8.02 亿，互联网普及率为 57.7%；手机网民规模达 7.88 亿，网民中使用手机上网的人群的占比达 98.3%。互联网的高速发展，特别是 QQ、微信、论坛社区的广泛应用，它们凭借方便、快捷、匿名等优势形成多中心、开放式、交互性的传播渠道，打破传统表达渠道单一、不畅的格局，成为公众表达利益需求的重要手段和途径。公众可以随时随地发布信息，并通过平台形成热点议题，甚至引发线上或线下集体行动。新媒体在环境群体性事件中起到了宣传、发动、联合、组织的纽带作用。

新媒体打破地理、时间、地点、组织的限制，促使个人获得前所未有的与其他人接触和共享信息的机会，实现参与者的高度联合。同时，新媒体具有的信息流动能力大大突破了传统媒体编辑把关权，使得以往不被媒体曝光或限制的内容进入大众视野中。一旦公众表达受阻，或者是环境诉求长期得不到解决，新媒体就会迅速成为舆情的策源地。在一些环境群体性事件中，以微博、微信为代表的新媒体在动员和号召方面起了决定性作用。

依托互联网技术，新媒体的出现为民众提供了现成的、高效的组织动员工具，因此在抗争行为组织和动员中起到了前所未有的作用，在环境群体性事件中扮演着越来越重要的角色。

2.1.2 环境群体抗争发生的深层原因

2.1.2.1 政经一体化驱动下的"重经济、轻环保"发展观

纵观全国，GDP 增长成为地方政府的优先选择，这种现象

的根源可追溯到 1994 年国家实行的分税制改革，使得"西瓜税"流向中央，"芝麻税"留给地方政府。[①] 分税制改革一方面为我国经济几十年持续蓬勃发展提供了基础和保障，另一方面也使得地方政府为了扩大财税收入和提高影响，容易与谋求超额利益的企业结成政商联盟，即形成"政经一体化"开发机制[②]，最终产生了"重增长、轻环保"的发展观。

在这种片面追求经济增长的价值观的引导下，一些地方政府为招商引资不惜付出环境代价，对落户企业降低准入门槛，放宽环境评估标准，甚至不顾当地的资源环境和民众身心健康，强行"上马"化工、煤电、钢铁等为当地 GDP "添彩"的龙头项目。例如，厦门 PX 项目一旦完工投产，将为厦门市新增 800 亿元人民币的 GDP，陕西凤翔血铅事件的主角东岭集团冶炼公司是当地的缴税大户，上缴县财政的税款约占整个县财政收入的 1/5。因此，在面对民众的环境诉求时，一些地方政府往往丧失作为仲裁者的角色，优先保护企业，甚至放纵、庇护污染严重的企业。受损民众的问题悬而不决，在逐渐对政府公权力失去信心后，民众只能从依靠制度化的渠道改为采取群体抗争甚至暴力的自我解救方式，将具有共同利益、共同诉求的人们联合动员起来抗争，形成群体性事件。

2.1.2.2　法律法规制度失灵，无法有效保障公民环境权益

2015 年 1 月 1 日，新修订的《中华人民共和国环境保护法》正式施行，这是自 1989 年《中华人民共和国环境保护法》颁布以来第一次进行修改。在长达 25 年的时间里，这部在经济体制转型初期产生的法典，其浓重的计划经济色彩对解决我国日益

---

① 赵阳，周飞舟. 农民负担和财税体制：从县、乡两级的财税体制看农民负担的制度原因 [J]. 香港社会学学报，2000 (17).

② 张玉林. 中国农村环境恶化与冲突加剧的动力机制 [M] //吴敬琏，江平. 洪范评论：第九辑. 北京：中国法制出版社，2007.

复杂和多样化的环境问题来说显得力不从心，存在较多不足和缺陷。

首先，信息公开和公众参与程度低，法律失灵情况严重。我国法律法规对信息公开、环境影响评价与风险评估、公民环境权都做出明确规定和解释。但从现状来看，法律法规失灵的原因在于不少企业和建设项目无视这些法律法规，没有被限制或制裁。例如，近年来发生的一系列 PX 事件，公众的知情权、参与权、表达权和监督权付之阙如，项目从立项、审批、环评等各个环节的信息公开程度低，信任感危机加剧矛盾，最终产生环境群体性抗争行为。

其次，法律权益诉讼制度不健全。诉讼是解决环境矛盾与纠纷的重要途径，也是维护公众环境权益的制度化手段。据调查，我国通过司法诉讼渠道解决的环境纠纷不足 1%。① 我国现行的关于环境纠纷的司法救济还比较薄弱，缺乏系统、专门的法律体系，法律依据还是参照民事诉讼当中的个别规定，因此通过诉讼方式的"公共救济"阻碍很大，民众只有选择实施"破坏性战术"，才能比较迅速地获得与体制内的行动者进行政治和物质利益磋商的机会。②

最后，环境标准不够完善，操作性不强。随着污染的加剧，污染排放标准尺度不合理，针对性不强，执行起来较为困难。不少环境法律类的条例、规章、标准、政策，环境标准的严格程度、项目范围以及技术依据仍存在争议。另外，相关标准与国际不接轨，容易给公众造成理解性偏差，给环保执法带来难度。

---

① 王姝. 我国环境群体事件年均递增 29%，司法解决不足 1% [N]. 新京报，2012-10-27 (5).

② 刘能. 当代中国转型社会中的集体行动：对过去三十年间三次集体行动浪潮的一个回顾 [J]. 学海，2009 (4)：146-152.

2.1.2.3 表达渠道虚设，难以满足公众利益诉求

从理论上讲，国家为公众提供了多种利益表达渠道，如人民代表大会、政治协商会议、信访、听证会等，它们在倾听和传递民意、反映公众诉求方面发挥了突出作用。但在公众日益强烈的表达需求下，在实践层面上，正规渠道在环境保护领域往往形同虚设，民众的权利救济机制既不顺畅也缺乏效力。因此，部分权益受损民众的诉求很难通过正常的、体制化的渠道得到消解，不得已寻求"非常规"的半合法、不合法途径。非制度化的行动渠道往往能在更大的范围内引起群众广泛的关注和响应，这与制度化的渠道形成鲜明对比，而且非制度化的渠道更能引起媒体的介入，使信息的扩散和流通速度加快，因此能在全国范围内制造和扩大舆论的影响力。

在环境群体抗争发生前，公众往往寄希望于信访、举报、调解制度解决问题，但一些地方政府要么对上访者采取漠视态度，对公众诉求和呼吁置之不理，要么未能做出及时、恰当的回应和处理。个别地方政府甚至视上访者为"刁民"，用高压、胁迫和围追堵截等手段对待上访者，导致信访制度的作用和功能处于失效状态。公众对信访制度失去信任，公众的利益诉求无从表达，只有转而以"非常规"的方式进行群体抗争。

2.2 新媒体时代环境群体抗争的特点

2.2.1 频繁爆发，与经济发展、污染高度相关

近年来，环境舆情事件频频爆发，笔者通过对 2003—2014 年影响较大的 151 起环境群体性事件的研究发现，环境群体性事件的数量逐年增加，呈开放发展态势，在 2014 年达到顶峰，

即 27 起（见图 2.2）。

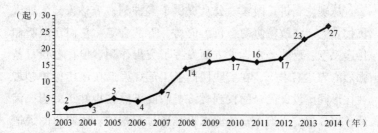

图 2.2　2003—2014 年影响较大的中国环境群体性事件发生数量的分布

　　已有学者通过个案研究发现，环境群体抗争与国家经济的发展、环境污染有着密切的联系。[①] GDP 在经济领域里是表明一个国家发展状况的重要指标，而工业废弃物，如废水、废气、固体废弃物、烟尘等的排放量是衡量污染物对一个国家或地区环境影响的重要指标。本书应用 Pearson 相关性检验，结果显示（见表 2.1），2003—2014 年，不同年份的环境群体性事件个案数与国家 GDP、工业废气排放量、工业固体废弃物排放量存在显著相关关系，与城市居民消费价格指数、农村居民消费价格指数之间无显著相关关系。环境群体性事件的数量与国家 GDP 呈正相关（$r=0.958$，$p<0.001$），即随着 GDP 逐年增长，环境群体性事件的数量增多。环境群体性事件的数量与工业废气排放量、工业固体废弃物排放量存在显著正相关关系（$r=0.907$，$p<0.001$；$r=0.892$，$p<0.001$），这表明国家工业废气、固体废弃物排放量越多，环境群体性事件爆发的次数越多（见表 2.1）。

　　高频率的群体抗争行为暗示着发展中国家的现实发展困境。

　　① 钟明春，徐刚. 地方政府在农村环境治理中的经济学分析——以福建 Z 集团环境污染事件为例［J］. 襄樊学院学报，2012，33（1）：37-42.

产业的梯度转移及升级、现有的技术条件无法保证所有工业项目做到零污染，环境污染俨然成为中国经济高位运行和粗放式增长的附加品。环境问题已经牵动大众的神经，成为群体抗争的重要触发因素。根据原国家环保总局（现为环保部）公布的数据可知，2006 年的环境信访量是 20 世纪 90 年代中期的 11 倍之多。据环保部官员透露，最近几年，环境型群体性事件以每年 29%的速度增长。[①] 可以说，环境污染最为严重的时期已经到来，环境事件步入高发期，群体性环境事件呈迅速上升趋势。[②] 可见，近十多年来，环境群体性事件空前多发，此起彼伏。

表 2.1　　　　2003—2014 年影响较大的
中国环境群体性事件数量与各指标相关关系

指标 环境个案数	GDP	工业废水排放量	工业废气排放量	工业烟尘排放量	工业固体废弃物排放量	城市居民消费价格指数	农村居民消费价格指数
Pearson Correlation	0.958**	−0.190	0.907**	0.105	0.892**	0.047	−0.062
Sig. (2−tailed)	0.000	0.576	0.000	0.759	0.000	0.898	0.864
N	12	11	11	11	11	10	10

注：因变量为 2003—2014 年发生的环境群体性事件数量（单位：个），自变量为 GDP（单位：亿元）、工业废水排放量（单位：亿吨）、工业废气排放量（单位：千亿标准立方米）、工业烟尘排放量（单位：万吨）、工业固体废弃物排放量（单位：千万吨）、城市居民消费价格指数（上年＝100）、农村居民消费价格指数（上年＝100）。

2.2.2　区域性强

不少学者通过研究证明，在社会经济发展程度比较高的地方，

①　李永政，王李霞. 邻避型群体性事件实例分析 [J]. 人民论坛，2014（2）：55-57.

②　张玉林. 政经一体化开发机制与中国农村的环境冲突——以浙江省的三起群体性事件为中心 [J]. 探索与争鸣，2006（5）：32-45.

环境群体性事件发生频率相对较高。① 根据前面提到的"政经一体化"发展体制，工业的扩张不仅能增加当地的财政收入，也关系官员的政绩与仕途，因此经济发展程度越高的地区通常工业化发展越快，引发的各类环境问题越多。另外，生活在经济发达地区的公众，视野开阔，互联网普及率较高，维权意识和环保意识普遍较强，一旦发生环境问题，政府未有效解决时，人们便会迅速组织动员起来，群体性事件发生的概率大大增加。

笔者对 2003—2014 年 150 个案例的分析发现（见图 2.3 和图 2.4），依照我国区域划分，东部地区发生的环境群体性事件的占比最高，高达 68%，其次是中部地区（20%），最后为西部地区（12%）。进一步分析可知，华东地区发生环境群体性事件的占比最高，为 39.7%，之后依次是华南地区（24.5%）、华北地区（13.2%）、华中地区（12.6%）、西南地区（7.3%）、西北地区（2.0%）、东北地区（0.7%）。从省份来看，华南地区的广东省发生环境群体性事件数量占全国总量的 20.5%，浙江省、福建省、江苏省紧随其后，占比分别为 10.0%、10.0%、7.3%。这些省份 GDP 在全国名列前茅。从 2014 年 10 月国际货币基金组织（IMF）《全球经济展望》（WEO）更新数据来看，广东省 GDP 总量位列全国第一，GDP 总量为 11 036 亿美元（1 美元约合 6.83 元人民币，下同），江苏省 GDP 总量为 10 595 亿美元，浙江省 GDP 总量为 6 536 亿美元，并且，工业化项目集中在沿海地区，而沿海人民思想较为开放，维权意识强烈，因此发生环境冲突与群体抗争的可能性大大增加。

---

① 张玉林. 政经一体化开发机制与中国农村的环境冲突——以浙江省的三起群体性事件为中心 [J]. 探索与争鸣, 2006 (5): 32-45.

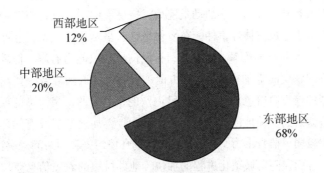

图 2.3　2003—2014 年影响较大的中国环境群体性事件区域分布情况 I

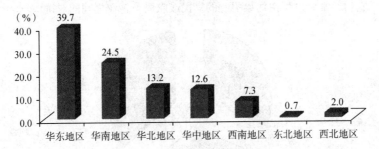

图 2.4　2003—2014 年影响较大的中国环境群体性事件区域分布情况 II

　　从城乡区域来看，随着中国城镇化进程的加快和乡村工业化的发展，城市、镇、乡村都成为环境问题的重灾区。根据国家统计局对城镇和乡村的划分，城镇包括城区和镇区，乡村是指城镇地区以外的其他地区，乡村包括集镇和农村。① 按照国家统计局的分类标准，环境群体性事件发生在城镇的占比为 69%，发生在乡村的占比为 31%。其中，发生在城市的占比为 36%，发生在镇区的占比为 33%（见图 2.5）。城镇地区因其经济发达、互联网发展较快、新媒体使用率高，极大地促进了信息的传播与扩散。这

---

　　① 国家统计局设管司. 统计上划分城乡的规定［EB/OL］.（2016-10-18）［2017-07-30］. www.stats.gov.cn/tjsj/tibz/20061018_8666.html.

些因素有利于提高公众的动员能力，极易形成"一呼百应"的局面，易于形成群体性事件。在乡村地区，虽然地广人稀，互联网的发展水平与普及率不如城镇，村民信息获取能力有限，但环境污染问题反而更加突出。① 一方面，农业税的取消导致一些财政吃紧的地方政府急功近利，把已淘汰的、落后的、高污染的项目引进偏僻的乡镇地区，建立各种产业园，再加之基层政府的环保意识较弱、监督不力，导致这些地区的环境污染和纠纷问题突出；另一方面，随着城镇化进程的加快，地处村镇的农民信息获取能力提高，环保意识逐步增强，对环境权益的要求不断增加，因此农村经常会发生由污染引发的官民或农民与企业之间的对抗。

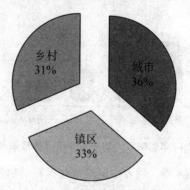

图 2.5　2003—2014 年影响较大的中国环境群体性事件城乡分布

2.2.3　参与人员规模大，同质性强

据统计，在 150 起环境群体性事件中，去掉 34 个无效样本，在 116 起环境群体性事件中，高潮时期抗议规模为 101～1 000 人的最多，占比 55.9%；其次是人数在 1 000 人及以上，占比为

---

① 陈友华. 经济增长方式、人口增长与中国的资源环境问题 [J]. 探索与争鸣，2011（7）：46-50.

34.8%；1~100 人的占比最少，仅为 9.3%。无论是按照浙江省的标准还是深圳市的标准①，至少超过三成的环境群体性事件为特别重大群体性事件。抗议规模从最初的几十人、上百人，发展到后来上千人甚至数千人。随着聚集人数的不断增多，事件的影响力也在不断扩大，环境群体性事件在全国范围内得到关注的同时，也被国际社会关注。

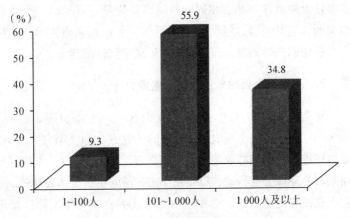

图 2.6　2003—2014 年影响较大的
中国环境群体性事件参与人数规模分布

　　社会中一旦出现环境污染侵害或威胁情况，受牵连的不会是某个单独的人，而是涉及一片区域的公众。因此，参与者在地理位置上有着甘姆森所说的"共同特质"，即地域同质性。参与者中的大部分抗议者都来自同一个城市，如参与厦门 PX 事件中的厦门市民、上海反对磁悬浮风波中的上海闵行区市民、云南 PX 事件的昆明市民；或者来自同一个社区，如反对电磁辐射

---

① 参考浙江省人事厅《预防处置严重突发事件和群体性事件实施办法（试行）》，中共深圳市委办公厅、深圳市人民政府办公厅《深圳市预防和处置群体性事件实施办法（深办〔2005〕51 号）》。

污染的北京百旺小区居民、集体抵制精神病医院进驻小区的济南美里新居小区居民、抗议在小区建变电站的成都锦江城市花园小区居民等；或者来自共同居住的村镇，如反对广西壮族自治区桂林市龙胜县修建水电站的伟江乡乡民，抵制江苏省大丰市的高污染企业的河口村村民，抗议内蒙古包头市尾矿坝污染的新光一村、三村、八村村民等。在面对环境污染或威胁时，高度接近的地理空间、相同的处境容易使参与者形成一个休戚相关的命运共同体，同时对"搭便车"者形成相当大的社会压力，使他们产生相对一致的情绪，形成压倒性的优势。

2.2.4 抗争诉求单一，城乡差异大

早在 1997 年，学者古哈和马丁内斯·阿列尔（Guha & Martinez Alier[①]）就提出环境运动诉求的"北方"和"南方"之分。北方环境运动的核心议题是"荒野保育"，视全球为一个共同体而采取的环保公益行动，以实现生态和谐的价值观为目标[②]，多发生在西方发达国家，由中产阶级组成的专业环保团体进行组织和领导，采取体制内的立法游说和法律诉讼策略。南方环境运动以"生存维护"为诉求，生存维护是指发展中国家在开发过程中造成的环境污染或威胁，直接影响甚至剥夺了当地弱势群体或底层公众赖以生存的环境，公众不得已以群体抗争的方式表现他们的诉求，捍卫正义与公平。

我国的环境群体抗争，具有环境运动中的"南方诉求"特色，主要表现在以下几个方面：

一是中国的环境群体抗争属于"刺激—反应"型，而非主

---

① GUHA RAMACHANDRA, JUAN MARTINEZ ALIER. Varieties of Environmentalism: Essays North and South [M]. London: Earthscan, 1997.

② 何明修. 绿色民主：台湾环境运动的研究 [M]. 台北：群学出版有限公司，2006.

动进攻型，是公众亲身遭受或感知到自身环境权益已经受到损害或威胁后而采取的集体行动，这与西方那种带有"万物平等""敬畏自然"等特定环保价值诉求的、进攻性的环境运动有很大差距。

二是"争利不争权"。中国的环境群体抗争主要是利益之争，不涉及政权之争。公众的抗争诉求主要是为了寻求环境受到侵害或威胁后的救济或补偿。在这个过程中最多会涉及谋求实现追求新鲜空气、健康居住等环境权利的公平正义分配，绝对不会牵扯到用革命或暴动的手段对国家政权发出挑衅与颠覆。抗争对象往往是地方政府和企业的环境政策与污染行为，抗争的经济性要明显大于政治性。①

三是抗议诉求单一，农村和城市的环境诉求有差异。从整体上看，在150起环境群体性事件中，"反对和停止建设"类占比为52.3%，"关闭或搬迁"类占比为44.3%，"索要补偿金额"类占比16.1%，"反对腐败"类占比4%。总体来看，抗争诉求较为单一。只有一种诉求的环境群体性事件占比高达72.5%，两种诉求占比24.2%，三种诉求占比2.7%，四种诉求占比仅为0.7%。

已有的研究表明，城镇和农村的抗争诉求各有特点。由于城镇和农村的发展阶段不同，所遭受的环境问题有较大差异，因此城镇和农村居民的抗争诉求也不尽相同。经检验，中国环境集体行动诉求在城镇和农村有显著差异（$\chi^2 = 45.942$，$p < 0.001$）。城镇中以"反对和停止建设"为诉求的占比最高，为64.7%。乡村中以"关闭或搬迁"为诉求的占比最高，达到63%，以"要求补偿金额"为诉求的也占有一定比例，为32.6%（见表2.2）。

---

① 于建嵘. 当前我国群体性事件的主要类型及其基本特征 [J]. 中国政法大报，2009：112-120。

城镇抗争诉求具有"邻避"特征。在邻避情结支配下，市民抗议与反对包括抵制垃圾焚烧厂、反对变电站、抗议核电站等。在城镇中，抗争诉求以"反对和停止"这些"邻避"项目建设的占比最高。在乡村中，抗争诉求具有"补偿"的特征，由于环保意识不足、能够动员的资源有限，农民在遭受环境侵害的时候，提出"关闭工厂或企业"，往往还伴有经济补偿的要求。在环境抗争中，村民抗争的诉求除了关闭污染工厂和企业外，通常还伴随着经济补偿的要求。

表 2.2　　　2003—2014 年影响较大的中国环境
群体性事件抗争诉求类型城乡分布

		标准划分城市和农村	
		1 城镇	2 乡村
		Column N%	Column N%
诉求	反对和停止建设	64.7%	26.1%
	要求补偿金额	8.8%	32.6%
	反对腐败	3.9%	2.2%
	关闭或搬迁	35.3%	63.0%
	其他诉求	11.8%	23.9%

2.2.5　首曝媒介以论坛为主

由于环境群体性事件在中国较为敏感，传统媒体一般情况下不会率先报道，因此消息来源主要以新媒体为主，除去 79 个曝光来源不详样本，笔者对剩余 71 个案例进行分析后发现，有 39.4%的环境群体性事件最早由论坛曝光，如广东南海焚烧泥污项目遭邻市反对、上海江桥垃圾焚烧厂扩建引发公众反对等。其次是由微博曝光的环境群体性事件，占比为 34.0%，如江苏南京梧桐树事件、广东花都垃圾焚烧厂引发的群体性事件等。另外,微信、博客、网络新闻、短信在环境群体性事件的曝光也发挥一定作用,占比分别为 9.8%、2.8%、4.2%、4.2%。此外,由于传统媒体在环境群体性事件的前期出现经常性的失语,新媒体成为公众动员和扩散事件影响力的重要平台。经统计,有 64%的环境群体性事件通过新媒体进行号召、动员。但在后期,传统媒体在深度报道、观点视角、权威真实等方面占有绝对的主导权,不仅停留在爆料层面上,还为公众提供多元的报道视角,为公众建立公共讨论空间,引导舆论朝着健康、理性的方向发展。

3　环境群体抗争的演变过程及机制研究

本书以 2003—2014 年具有代表性的环境群体性事件为分析案例，并采用"机制—过程"研究框架，结合相关理论，系统呈现环境群体抗争的过程，探讨新媒体背景下中国环境群体抗争发生、演变的基本规律。

3.1　环境群体抗争的触发阶段

斯梅尔塞认为，一个集体行动的发生必须包含以下一些必要条件：结构性诱因，怨恨、剥夺感或压迫感，一般化信念的产生，触发社会运动的因素和事件，有效的运动动员，社会控制能力的下降。其中，斯梅尔塞除了关注集体行动的心理和文化方面的影响外，还强调触发阶段中引发抗争行为的因素和事件。在环境群体抗争中，这些"因素"和"事件"指的就是环境群体抗争议题的构建，这是公众集体行动的起点。

3.1.1　环境议题

随着我国经济的快速运行，工业迅猛发展，不同性质与类型的环境风险开始凸显，环境议题进入公共政策议程，成了社会公共领域中的一个重要问题。2013 年在全国环境政策法制工作研讨会上，中国环境科学学会副理事长杨朝飞分析了环境群体性事件主要分布在四大领域：一是大中城市基础设施建设，包括交通、电力、垃圾焚烧厂等，引发的环境群体性事件越来越多。二是农村和中小城镇的违法排污、暗管排污、私倒垃圾废物等问题引发的环境群体性事件，居高不下，特别是重金属、有毒废物的污染等。三是大型企业由安全生产事故引发的流域性、区域性污染事件，这类环境群体性事件越来越多。四是由现代化工业建设项目引发的环境群体性事件大增。[①]

本书根据杨超飞的分析，借鉴其他学者的研究将"邻避"设施划分为四个类型：污染类、风险积聚类、心理不悦类和污名化类。笔者根据收集到的研究案例将环境群体性事件的不同议题划分为三大类，分别是风险积聚类、污染类和污名化类。需要说明的是，在样本中，心理不悦类和污名化类样本较少，大众心理不悦类，如反对火葬场和反对墓地也属于污名化类，因此两者统一为污名化类（见图 3.1）。

3.1.1.1 风险积聚类

吉登斯曾言："科技的不确定性带来的风险已成为现代世界的核心问题。"[②] 风险积聚类的议题指的是由具有大型变电站、核电站、加油站等公共设施的施工建设与运行引发的争论。此类设施安全监控等级较高，危害隐蔽性较强，一旦发生事故，

---

① 童克难，高楠. 深入开展环境污染损害鉴定评估 [N]. 中国环境报，2013-08-28.

② 安东尼·吉登斯. 失控的世界：全球化如何重塑我们的生活 [M]. 周红云，译. 南昌：江西人民出版社，2001.

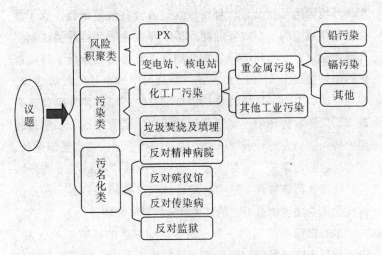

图 3.1　2003—2014 年影响较大的
中国环境群体性事件抗争议题分布

必然造成巨大的人员伤亡和财产损失。① 目前，关于风险社会的言论对公众造成了极大的影响，高科技、新技术必然带来负面效应，并且这种负面效应会超过其给社会造就福祉的认知已经根植在公众的生活观念中，引起公众对未知风险的盲目猜测和无限恐惧。公众对有关风险积聚类的议题常常"谈虎色变"，并且围绕此类议题的安全性问题展开坚决的抵制与呼吁。

在笔者收集的 150 起案例中，议题为风险积聚类的占比为22%，主要为反对"PX 大型项目"和反对"核电站、变电站"，二者占比分别为 9.3%、12.7%。公众出于"风险意识"，对这类议题的判断存在不确定性，导致极度的恐慌，成为引发抗争的重要刺激因素。

---

① 张乐，童星."邻避"行动的社会生成机制 [J].江苏行政学院学报，2013（1）：64-70.

第一，反对 PX 大型项目。

贝克认为，现代社会的核风险、生态风险是现代性的产物，难以预测，危害超越阶级，并具有全球性扩散的特征。PX 大型项目在中国一直以来都被公众视为神秘莫测东西，超出常人理解，在公众眼里它是高科技的代表。一方面，公众被告知这类设施有高安全等级的防护措施，其建设和运行绝对安全；另一方面，公众对 PX 大型项目的切实信息知之甚少，对它发生事故的概率、可能存在的实际危害性更缺乏科学理性的认知，在信息闭塞、传播不畅因素有时甚至受"危言耸听"的谣言和传闻的影响下，公众不安定、恐慌的情绪就会随之产生。当这种不安全感以个体为载体开始向四周蔓延和扩散时，就很容易形成群体性的心理恐慌，心理学将这一现象称为"群体性癔症"。

经济的发展，生产制造业的进步，使得化工原料在众多领域内有着越来越多的用途。因此，近年来，我国对 PX 项目的需求越来越大，尤其是 2002 年后，国家出台相关的鼓励政策使得社会对 PX 项目的需求猛增，各地开始进行 PX 项目建设。直到 2007 年，一场声势浩大的反对 PX 项目的浪潮在厦门市席卷开来，在强大的民意反对声中，厦门市政府最终决定停建并迁址。可这场风波没有就此戛然而止，厦门公众对 PX 项目的声讨引发了全国人民反对大型化工和能源项目的连锁反应。此后几年，全国各地接连上演各种对 PX 项目建设的声讨，PX 项目在全国范围内几乎陷入"人人喊打"的境地。

第二，反对核电站、变电站。

"核电"已经被认为是一种"基本安全"的能源而被世界各国接受，我国也大力推进核电建设。在 2015 年 3 月的政府工作报告中，国务院总理李克强提出"能源生产和消费革命，关乎发展与民生"，并将"安全发展核电"纳入政府工作报告。①
变电站被认为是一个比较温和的"不速之客"，随着城市化进程的加快、人口的不断扩张，城市用电需求迅猛增加。为了保证供电需求，减少城市中心负荷，保持输入电压稳定，国内外的城市在规划中将变电站建在城市中心是一种惯例做法。虽然核电站、变电站会给城市的发展和公众的生活带来诸多便利，但是这两种项目往往成为城市中常见的容易引起纠纷和冲突的议题。

笔者对150个案例的分析结果显示，以"反对核电站、变电站"为议题的集体行动发生在城市市区的占比高达80%。这类议题在城市的热度居高不下，其容易引发群体抗争主要基于三大原因：一是大众缺乏相关背景知识，对建设核电站、变电站可能引发的核辐射、电磁辐射进行恐慌性的解读。二是全国范围内乃至全世界范围内有变电站爆炸、核电站泄漏的事例，如切尔诺贝利核电站事故、日本的福岛核电站泄漏事件等。三是一些地方政府在项目立项到建设的过程中，信息不透明，尤其是环评环节遮遮掩掩，这更激起了公众的担忧和疑虑。

全国因建设核电站、变电站引发的抗议不断见诸报端。例如，在广州，骏景花园小区业主抗议在小区内中小学旁建设110千伏变电站，并因此堵塞道路阻止施工。在南京，浦口区大华锦绣华城的业主抗议在小区内违建变电站，拉横幅维权。在北京，玉泉营、望京两处建变电站引发居民群体抗议。在山东，乳山核电站建设引发附近购房者的强烈不满，也引发了居民与相关企业、政府对峙。

3.1.1.2 污染类

污染类的议题是指公众反对水污染、空气污染、噪音污染、

---

① 谢玮. 中核集团董事长孙勤：适时启动内陆核电站对长期发展有利[N]. 中国经济周刊，2015-03-24.

土壤污染给生存环境带来破坏而产生的话题。无论哪种污染，如化工厂、垃圾焚烧厂等设施，其产生的气味、对身体健康的损害都是能被公众直接察觉的，公共设施的排放与公众健康和生命的严重损害建立了紧密联系，这些污染很容易引发此污染类议题的抗争。在150起环境群体抗争案例的议题分布中，污染类的议题占比高达66.6%，主要包括"反对垃圾焚烧及填埋项目""反对重金属污染""其他工业污染"等。

第一，反对垃圾焚烧及填埋项目。伴随着我国城市化进程的加快、城市人口的增加、城区面积的扩大、居民生活水平的提高，城市垃圾的总量越来越大。越来越多的城市不仅饱受"垃圾围城"之困，也面临如何处理和填埋这些垃圾的窘境。投资建设垃圾处理转化设施的速度已经难以跟得上每年城市垃圾的增长速度。目前，高温堆肥、焚烧发电和填埋是主要的垃圾处理方式。传统的填埋场不仅占用大量土地，还容易造成严重的水污染、土壤污染等二次污染，因此填埋场越来越受到公众的抵制。作为高度节约土地资源的垃圾焚烧方式曾一度被列为城市垃圾处理的最好途径。但是，垃圾焚烧的发展并非一帆风顺，垃圾焚烧发电可能产生的二噁英具有强毒性，垃圾焚烧受到公众的争议和质疑。全国陆续发生了多起公众反对垃圾焚烧及填埋的群体性事件，垃圾处理是否采取焚烧这一问题上，政府、学界中逐渐形成了"主烧派"和"反烧派"两方。

在笔者收集的150起环境群体性事件中（见表3.1和图3.2），垃圾焚烧及填埋项目引发的群体抗争占到25.3%。这类议题在城乡分布有显著差异（$\chi^2 = 54.745, p < 0.001$），发生在城镇的占比为71.1%，其中发生在城市的占比为36.8%，发生在

镇的占比为34.3%；发生在乡村的占比为28.9%。① 全国各地反对垃圾焚烧的抗议行动接二连三地发生，如广东先后有番禺、东莞、花都反对垃圾焚烧事件，上海有江桥、松江反对垃圾焚烧事件，北京有六里屯、高安屯等反对垃圾焚烧事件。

表3.1　2003—2014年影响较大的中国环境群体性
事件抗争议题城乡分布

		城市镇乡村			总计
		城市	镇	乡村	
事件分类	反对垃圾焚烧及填埋	36.8%	34.3%	28.9%	100.0%
	反对大型化工或能源项目	52.6%	31.6%	15.8%	100.0%
	反对污名化建设	50.0%	40.0%	10.0%	100.0%
	反对一般工业污染	9.7%	35.5%	54.8%	100.0%
	反对重金属污染	4.3%	47.9%	47.8%	100.0%
	反对核辐射和电磁辐射	84.2%	10.5%	5.3%	100.0%
	其他	50.0%	20.0%	30.0%	100.0%
总计		36.0%	32.7%	31.3%	100.0%

　　第二，反对重金属污染。中国快速发展的工业化进程，带动了越来越多含有重金属排放行业的发展。环境污染方面所说的重金属一般是指对人体有危害的镉、铅、砷、汞等重金属。重金属排放的行业包括采矿、冶炼、印染、化学工业、制皮制革、农药生产等。这些行业本身就有一定的污染风险，再加上行业的违规生产或不达标排污，使得重金属污染危害逐年显现出来。近年来，血铅事件、镉超标已经成为公众比较关注和热

---

　　① 苏琳. 垃圾焚烧发电优势明显，选址问题频频引发"邻避"事件 [N]. 经济日报，2015-02-13.

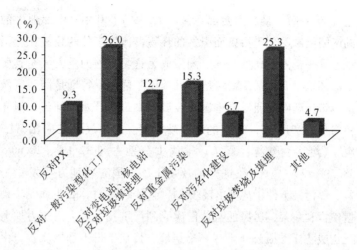

图 3.2 2003—2014 年影响较大的中国环境群体性事件抗争议题分布

议的话题。"血铅超标"涉及的范围比较广，华中地区的湖南、河南，华东地区的安徽、福建、江苏、山东，华南地区的广东，西北地区的陕西等都发生过比较严重的血铅事件。据环保部称统计，在 2009 年，约有 12 起重金属污染事件见诸报端，总共造成 4 000 多人血铅超标，182 人发生镉中毒。[①] 就镉超标事件来说，其发生的省份集中于湖南、广东、江西以及广西，较为严重的事件有浏阳市湘和化工厂镉污染事件、陕西凤翔铅中毒事件。[②]

在笔者收集的 150 起环境群体性事件中，以"反对重金属污染"为议题的环境群体抗争事件发生的地域有显著差异（$\chi^2 = 27.055$，$p < 0.05$），中部地区占比最高（43.5%），东部地区次

---

① 周锐. 中国"重金属污染"去年致 4 035 人血铅超标 [N]. 中国新闻网，2010-01-25.

② 叶铁桥. 重金属污染事件频发，综合防治已有规划 [N]. 中国青年报，2012-02-01.

之（39.1%），最后为西部地区（17.4%）。其中，中部地区的湖南因反对重金属污染而引发的环境群体性事件的数量在全国排名第一，占比高达13%。湖南成为这类事件的重灾区与其所处的环境不无关系，湖南是"重金属"之乡，特别是湘江流域这一带。湖南的湘江是中国重金属污染最为严重的河流。何光伟指出，2011年，湖南的镉、砷、汞、铅排放量在中国"三废"（废水、废渣、废气）排放中分别占到32.1%、20.6%、58.7%、24.6%。[①] 在这样的环境下，中国有些地方频发铅中毒、镉污染事件，甚至出现骇人听闻的"癌症村"，土地无法种植粮食和蔬菜，居民的身体健康受到严重侵害。生活压力加上死亡威胁让受损公众生存濒临绝境，公众不得不加以反抗，由此产生的群体性事件呈现高发态势。

（3）其他工业污染。在工业污染中，除了重金属污染导致集体行动外，还有其他类型的工业排放会引起纠纷，公众可以通过眼、喉、耳等器官直接感受到这类污染。刺激难闻的气味、污染变质的饮用水、灰蒙蒙的天空、嘈杂的噪声，直接作用人类的感官，从而可能引起人们身体与心理上的极度不适，因此导致居民的抗议。

3.1.1.3 污名化类

戈夫曼（Goffman）指出，污名化就是社会以贬低性、侮辱性的方式赋予某些个体或群体的标签，进而导致社会不公正待遇等后果的过程。[②] 在现代社会，与某些公共的机构和设施相关的人员被贴上"污名化"的标签时，都会被排斥并冠之以"有

---

① 何光伟. 特别报道：中国面临土壤修复挑战 [EB/OL]. (2014-07-14) [2017-07-30]. https://www.chinadialogue.net/article/show/single/ch/7079-China-faces-long-battle-to-clean-up-its-polluted-soil.

② 欧文·戈夫曼. 污名：受损身份管理札记 [M]. 宋立宏，译. 北京：商务印书馆，2009.

害"的标签。如果说前两类的抗议议题是由于居民担心污染会影响健康乃至生命安全，那么污名化类议题既不涉及辐射危害，又不涉及排放污染物，为何也会引起居民的抗议呢？污名化类议题中所指的公共设施，如殡仪馆、精神病院、火葬场、公共墓地给附近住户造成紧张、恐惧和不愉快情绪，这种情绪日渐积累，就会爆发针对这些设施的抵制行动。

笔者收集的150起环境群体性事件的统计结果显示，污名化类议题引发的群体性事件主要集中在城镇，占比高达90%，乡村仅占10%。在中国，死亡本身就是充满悲哀、伤痛的事情。对于处理后事的一系列的仪式、活动场所甚至相关的工作人员，容易使人产生歧视。在众多的公共设施中，殡仪馆在文化结构中的死亡象征意义最深，因此极容易在周围的居民心理上笼罩一层不吉利的感情色彩。

由于人们根深蒂固的思想及文化上的偏见，对于诸如公共医疗机构的精神病院、传染病院或一些社会服务类设施常常充满了抵制的情绪，一些公众往往认为精神病人、流浪者这类边缘群体是不正常的，而且是危险的。因此，一些公众以一种先入为主的偏见眼光看待这类人，自然而然地觉得自己的生活会被安置着这类人群的机构所影响，其结果是这类设施遭到一些公众的排斥。

3.1.2 刺激因素的产生方式

童志锋在研究环境抗争时，按照污染事件是否发生这一标准，将环境抗争分为反应型环境抗争（已经造成污染事实引发的环境抗争）和预防型环境抗争（对可能发生的潜在污染进行的抵制性环境抗争)。① 于建嵘提出了事后救济型和事先预防型的重要区分。② 由前文的议题分析可以看出,反对重金属污染、反对垃圾焚烧及填埋、反对其他工业污染的议题是作为一种既成事实的污染,公众可以通过感官直接感受到刺激因素,从而引发群体抗议,这类刺激因素的产生方式简称污染驱动型。反对PX项目、反对核电站、反对变电站、反对垃圾焚烧及填埋项目、反对污名化设施的议题是存在潜在的危害,并还没有成为事实。这些风险公众不能通过直接的感官感受到,而是随着环境意识、维权能力的提高,根据以往案例及政府不当的应对措施等公众通过间接方式对未发生的污染或损害进行及时的判断和抵制。这类刺激因素的产生方式简称风险预防型。

3.1.2.1 直接产生——污染驱动型

污染驱动型的刺激因素具有很明确的污染指向性,如城市烟雾弥漫、固体废弃物扩散、海洋油料泄漏、DDT(双对氯苯基三氯乙烷)和其他农药造成水资源污染。环境污染是非常容易被人观察到的,对人的身体健康造成的伤害也是非常明显的。本书以2009年湖南发生的村民反对湘和化工厂个案为例,详细分析抗争的刺激因素的产生过程。

第一阶段:身体和周围环境有异样。

2003年,湖南省浏阳市镇头镇政府为推动当地经济的发展,以招商引资方式引进了湘和化工厂。该化工厂是一家民营企业,主要经营的是硫酸锌的生产,在其利用ZnO_2与H_2SO_4生产硫酸锌的过程中,镉离子被不可避免地置换出来,从而形成了镉污染的源头。一年以后,湘和化工厂了解到此时铟金属的价格在

① 童志锋. 历程与特点:社会转型期下的环境抗争研究 [J]. 甘肃理论学刊, 2008 (6): 85-90.

② 冯洁, 汪韬. 开窗:求解环境群体性事件 [N]. 南方周末, 2012-11-29.

国际上一路飙升，于是在利益驱使下，冒着巨大的风险非法生产铟金属。而在炼铟的工艺中，有毒镉的产生同样不可避免，使得本来就有限的环保防护措施更加捉襟见肘，于是大量的镉离子随着生产污水排入水体及土壤当中。其造成的后果可想而知，湘和化工厂周围大面积土地被污染，周围的树林开始出现大片枯死的情况，附近的农作物也因污染大范围地减产，有些田地甚至颗粒无收，村民饮用水出现异常，气味腥臭难忍。更为可怕的是，危害从周围环境开始蔓延到村民身上，一些人出现了四肢乏力、眩晕、气闷、手脚关节疼痛的状况。由于对镉中毒症状的不了解及此时的病情并不严重，很多村民将身体的不适仅归结为一般的感冒，并没有过多地在意。与此同时，附近村子的小孩也出现了同样的病症。2008 年，部分患者查出不同程度的镉超标。随着镉超标个体的不断增多，当地民众不断向镇、市、省各级相关部门反映镉污染的严重危害。

第二阶段：村民之死——镉超标。

人体的某些疾病往往都是因为体内的有害化学物质不断积累引起的。有害的化学物质随着在化工厂排放的"三废"进入人体内。例如，人们在呼吸时将废气中的有害物质带入体内，废水中的有害物质则会直接污染地下水，或者通过瓜果蔬菜、水稻小麦等食物被人类食用而带到体内，而固体废弃物中的有害物质则会污染地下水源，通过人体饮用受污染的水源而被带入体内。根据多年来村民的生活观察，罹患癌症的人在逐年增加。与此同时，村民的死亡率也在上升。2009 年 5 月，噩耗传来，村民罗某某因体内镉浓度过高而去世。一个多月后，另外一名村民同样因体内镉浓度过高而去世。然而死亡的阴影并没有散去，反而愈发严重。在其后的一个多月内，村民熊某某、唐某某和周某某相继意外死亡。五名意外死亡人员当中，有 4 人是湘和化工厂的在职工人。村民不断意外死亡引起了浏阳市政府的高度重视。2009 年 6 月初，浏阳市组织湖南省劳卫所对湘和化工厂周边 500 米范围内的表层土壤、蔬菜、水稻、禽类进行检测，并对化工厂 1 200 米范围内的 1 600 余名村民进行了人体检测，检测结果显示表层 0.2 米的土壤镉严重超标，蔬菜中镉超标一倍多。在对 1 600 余名村民的检测中，政府发现竟有350 人镉超标，超标比重高达 21.9%。① 2009 年 7 月 29 日上午 8时，村民集体上访，规模达数百人。村民围堵镇政府，并要求给予补偿，但遭到镇政府的拒绝。第二天，上千名村民再度联合上访，浏阳市的湘和化工厂的镉污染事件由此被公之于世。

3.1.2.2 间接产生——风险预防型

垃圾焚烧厂、PX 项目、核电站、变电站等邻避设施是社会进步、经济发展所必需的，但是项目的兴建、日常运行造成的潜在污染、危险等负外部效应都需要附近的公众来承担，这给公众带来巨大的心理负担和阴影。因此，公众为了避免灾害的发生，预防项目带来的危害，在公众恐惧心理的驱使下，抗争行动最终演化成群体性事件。在 2014 年发生的广东茂名反对PX 事件中，可以一窥这类刺激因素的产生过程。公众对 PX 项目已有恐惧认知，政府 PX 项目实施过程中一系列行为加剧了这种恐慌心理，这都成为最后群体性抗争发生的导火索。

第一阶段：已有认知形成的风险恐惧。

作为石油化工重镇，茂名市被誉为"南方油城"。创立于1955 年的茂名石化是华南地区历史最悠久和最大的石油化工基地，项目建成后能给当地带来巨大的经济效益和无数的就业机会。一位茂名市的官员说："项目每年将产生约 300 亿元的销售

---

① 黄兴华.湖南浏阳镉污染事件反思：需建立干群互信机制 [N].瞭望，
2009-08-12.

收入，平均每年增加税收 6.74 亿元，增加财政收入 2.04 亿元。"① 2014 年 2 月 27 日，《茂名日报》刊登了茂名石化项目情况，茂名市公众的心理开始被抹上一层阴影。在此之前，全国陆续发生的声势浩大的厦门反对 PX 事件、什邡反对 PX 事件、大连反对 PX 事件、宁波反对 PX 事件仍旧让茂名市民记忆犹新。当公众得知 PX 项目将要落户茂名时，这种对 PX 过度恐惧和紧张的情绪也蔓延到整个茂名市区。普通民众缺乏相关知识，在传播的过程中容易相信坏消息，很容易产生畏惧心理，市民对此非常担忧。

第二阶段：政府"操之过急"的宣传加剧了这种风险恐惧。

茂名市政府事先已经知道 PX 项目极具争议性，试图通过各种方式来消解争议。2014 年 2 月初，茂名市政府到顺利实施 PX 项目的九江市取经，回来后全市的石化系统、教育系统、各级政府签署"支持芳烃项目承诺书"，承诺书存在隐性强制内容。这一行为立即在茂名市一石激起千层浪，当地的学生和家长对政府"隐性的强制"行为产生更多的误解和反感，公众对 PX 项目更加不信任。随后，茂名市政府利用当地媒体刊登了将近 20 多篇文章科普 PX 项目的知识，这种密集的宣传令许多市民知晓 PX 项目的建设，科普效果反而未达到宣传部门的预期，宣传材料无人相信，更增加茂名市民对政府"立即上马"的"紧迫感"的抵触情绪，公众纷纷在当地论坛、贴吧、新浪微博等社交媒体上表达不满。随后，茂名宣传部门为"训诫"网友，对言辞激烈的网民采取身份核查等一系列网络舆情监控措施，这一举动更是激起网友的不满和声讨。2014 年 3 月 27 日，茂名市政府为平息舆论，召集当地活跃且有影响力的网友召开 PX 项

---

① 王晓易. 茂名 PX 事件前 31 天还原：政府宣传存瑕疵激化矛盾 [N]. 新京报，2013-04-05.

目推广会，但推广会场面失控，与会官员强硬的态度再一次让参会者失望。此时，互联网上民怨沸腾，茂名市政府一系列的做法不仅没有让公众相信 PX 项目的环境风险处于可控状态，反而使得公众对 PX 项目更加担忧，对当地政府更加不信任。政府对风险控制力的丧失使得一场反对 PX 项目的群体性事件不可避免。

3.2　环境群体抗争动员过程

对于一个社会运动或集体行动，动员既是其发生的原始动力，也是抗争有效发展，得以持续下去的关键因素。[①] 在抗争政治理论和社会运动理论里，动员是重要的研究主题，也是国内外学者们在研究集体行动时着力关注的领域。蒂利在《抗争政治》一书中提到："一个集体行动是否取得成功，行动者的动员能力扮演着核心作用。"[②] 斯梅塞尔的"加值理论"把动员因素列为决定社会运动产生的六大因素之一。在具体的动员过程中，组织、人际关系网络、共同意识等都被视为重要内容。在环境群体抗争中，动员同样是抗争产生和发展中最为重要的环节之一，在动员的过程中，"集体认同感"和"情感逻辑"成为号召公众参与环境维权、抗议的关键变量。

3.2.1　集体认同感

麦克亚当曾说："社会运动从潜在可能变成真实行动需要经

①　谢岳. 社会抗争与民主转型——20 世纪 70 年代以来的威权主义政治 [M]. 上海：上海人民出版社，2008.

②　查尔斯·蒂利，西德尼·塔罗. 抗争政治 [M]. 李义中，译. 南京：译林出版社，2010.

历集体认同的过程。"①基于共同的利益及体验，集体认同感为参与者从共同意识有效转化为实际行动做了思想、心理以及观念上的准备，为行动赋予意义，有利于增加抗争团体的凝聚力。在动员的过程中，认同建构是基础阶段，也是群体抗争发生的前提。

关于认同建构的分析框架中，学者泰勒等人提出的"边界、意识与对话"最具代表性。边界既可以指物理结构，也可以指社会、心理的界限，存在于行动者与占优势地位的被抗议者之间；意识则简单概括为"解释框架"，这产生于界定行动者的利益的过程中；对话指日常行动，可以用作重构既定体系。② 对此，环境群体抗争中关于集体认同感的建构可采用此分析框架。

3.2.1.1 边界标记

边界意味着甘姆森所言的"我群"和"他群"得以区别的界限。关于边界的标记对增强"我群"内部的团结感、认同感具有重要意义。在西方的环境运动中，边界的概念主要探讨正式组织的行动，如各种环保 NGO。然而在中国环境群体抗争中，由于国情不同，我们在探讨边界的时候，需要分情况讨论。总体来说，在笔者收集的 150 起环境群体抗争案例中，有明确组织参与的比例较少且城乡有差别。在农村，抗争组织化程度低，边界的形成主要基于农村的熟人关系；在城市的环境抗争中，小区常常被标记为边界。

3.2.1.1.1 城市——业主委员会

城市现在基本以社区为单位制。在新媒体时代，小区的业主论坛、QQ 群、微信群成为联系成员的纽带。在平时生活中，

---

① DOUG MCADAM. Political Process and the Development of Black Insurgency 1930—1970 [M]. Chicago：University of Chicago Press，1982.

② 维尔塔·泰勒，南茜·E. 维提尔. 社会运动社区中的集体认同感——同性恋女权主义的动员 [M]. 刘能，译. 北京：北京大学出版社，2002.

户主与户主之间交流较少，相互不熟悉，虽然小区基本都建立了业主论坛或 QQ 群，业主也很少交流，基本无归属感可言。然而，一旦有公共性的、互动性的、受关注程度较高的、传播较快的以及与居民切身利益相关的话题，就很容易激发共鸣。例如，前面分析的环境议题，每个议题都是关乎公众身体健康或生存环境的，因此此类议题进入小区居民的视野，很容易激发和强化利益受损感，再加之论坛、微信群、QQ 群等的传播，小区居民能较快集结并参与抗争。这时基于业主委员会组建起来的论坛就起了非常关键的作用。抗议者通过业主委员会瞬间激活"边界"，形成暂时性的紧密抗争体。

3.2.1.1.2 农村——熟人关系网络

在农村，社会是以传统密集型的村落聚居，这与城市以社区为单位聚居有明显的不同，呈现出熟人社会的特征，这样的熟人社会是基于血缘、宗族、地缘形成的。首先，在农村中，血缘关系特征十分明显，亲人常聚居而住，因此彼此非常熟悉。其次，地缘特征非常突出，一方面，从地理空间上看，各村落之间可能散落分布，但是同一个村落的村民一般住得比较近，并且生产生活的场所也在自然村，共同的居住、活动场所结成的地缘关系有利于彼此间的交流与联络。最后，在一部分农村地区，特别是在沿海地带，宗族关系特征表现突出，以同姓氏为单位的宗族内部成员多聚居且交往比较频繁。大宗族历史悠久且组织严密，动员能力较强，定期举行祭拜祖先的仪式，更加深了宗族成员的身份认同感。因此，在综合以上血缘、地缘、宗族形成的农村"熟人关系"网络中，村民之间相互熟悉，交流互动频繁，形成一个紧密的共同体。在农村中，一旦有环境事件发生，出于共同的环境威胁，再加之熟人关系，很容易形成一个休戚与共的共同体。面对环境污染，村民很容易被动员起来并联合奋起抗击。

3.2.1.2　意识形成

当边界确定，"我群"和"他群"已经标记出来后，群体意识也要觉醒，这样才能实现集体认同感的构建。具体而言，意识的形成就是通过文字、语言等方式赋予群体行动意义，这有助于行动合法化。在环境群体抗争中，意识的形成是在抗争者内部之间及内部与外部之间的互动中锻造出来的。

在抗争者内部之间，当边界标记完成，无论是城市还是农村，抗争内部的所有行动者都暗含着共同的利益诉求与目标。目标就是针对实施污染的企业或监督企业建设、生产的政府，诉求是针对刺激因素，即对污染源或潜在威胁物进行抗争，为自己创造一个健康、安全且有质量保障的生存环境。这些利益诉求和刺激因素都与抗议者的生活紧密相关，面对环境危害的侵犯，抗议者不分你我，彼此分享消息，这些能有效地激发共同的命运感，结成稳定的抗议共同体。在这个过程中，群体意识在互动与交流中日渐形成，赋予行动意义与合法性。

在抗争者内部与外部之间，蒂利等人提出"激活界限"①，从而构建合法化行动，这是形成意识的另外一种方式。这种方式必须借助一定的通道才能完成，正如克兰德尔曼斯所说："激发起参与者行动起来的前提条件是一个热议话题拥有了进入公共讨论空间的途径。"② 毋庸置疑，媒体成为这种意识形成的重要载体。在现代社会中，新媒体快速崛起，为公众表达观点提供重要平台，与传统媒体分庭抗礼，共同塑造公共话语。

对于新媒体平台，其传播特性决定了信息流通速度非常快，通过微博、微信、论坛等通道，环境信息很快被大家知晓，大

---

① 查尔斯·蒂利，西德尼·塔罗. 抗争政治 [M]. 李义中，译. 南京：译林出版社，2010.

② 贝尔特·克兰德尔曼斯. 抗议的社会建构和多组织场域 [M]. 刘能，译. 北京：北京大学出版社，2002.

家对这些信息的讨论如火如荼。参与讨论的人有受损公众、普通公众，大家纷纷从各自的角度和经历发表自己的意见与看法，形成民间的话语公共圈。例如，北京反对阿苏卫建设垃圾焚烧厂事件缘于一次偶然的机会，一位业主在镇政府发现一份关于阿苏卫垃圾焚烧厂的环评公示，于是通过业主论坛、QQ 群发给其他业主。接下来，平时"寂静"的这些新媒体开始异常活跃，业主们纷纷参与到话题的讨论中，同时业主们还在搜狐焦点房地产的论坛上及个人网站发布抗议帖子，获得了全国人民的围观和声援。在讨论中，不同的观点、思想相互碰撞，形成共识，如"为了子孙后代，为了大家的健康，大家必须行动起来"，这些进一步加深了抗争者的认同感并建立确保行动的合法性。

传统媒体虽在信息的传播速度上不及新媒体，但在传播深度上占有很大优势。媒体选择性的报道，如普及环保相关知识、对环保项目建设的合法性进行讨论、对公民行为进行界定与阐释等，启发参与者与围观者进行重新思考。例如，在厦门 PX 项目事件中，传统媒体引入"厦门人"的概念，瞬间激发厦门市民的共同意识与归因。

3.2.1.3 仪式展开

除了边界标记、意识形成，仪式展开也是必不可少的。仪式通过日常行动的形式展开，这种在现实生活中发生的日常行动能调动抗争者的各种情绪，加快共同意识的建构，有利于集体认同感的最终形成。无论是在城市还是在农村，仪式的表现形式较为丰富，与抗争者的日常生活联系紧密。

在城市的环境群体抗争的动员阶段，抗争会在现实生活中展开仪式，其中最常见的是通过发放材料、召开小组讨论会等号召参与者行动起来。例如，在北京反对阿苏卫垃圾焚烧厂事件中，抗议者在进行游行示威活动前，保利垄上小区召开了一次业主大会，由于事关每个业主的切身利益，大家听到消息后纷至沓来。一是展开民意调查，工作人员收集意见时发现几乎所有业主对建设垃圾焚烧厂持反对态度；二是开展宣传活动，工作人员向与会的业主们发放了有关垃圾焚烧厂的信息资料。在大会开完后，业主们通过面对面交流与沟通，进一步增加了集体认同感，参与热情比以前更高了，随后业主们在小区内拉横幅、贴海报，为几天后的游行活动做好准备。

在农村的群体环境抗争中，村民会通过串门、挨家挨户通知、发材料或在小零售部定点聚集商量等仪式呼吁村民参与。例如，在福建屏南县反对榕屏化工厂污染事件中，涉事地点在南溪坪村，村里形成以张姓、宋姓两家为核心的宗族特征。在动员的过程中，带头人张某某带领人在同宗族的村子里发放宣传材料，号召大家关注污染，同时组织村民轮流值班监视企业的污染行为。在他们集体发起环境公益诉讼前，为筹措打官司的资金，村民们在张某某的带领下到县里开展募捐活动。这一系列的行为在某种程度上可视为仪式，对强化抗议村民的认同感、推动村民积极参与有着重要作用。①

3.2.2 情感动员

在中国环境群体抗争的动员中，情感逻辑是动员的重要机制。在西方，早期社会运动的研究者认为引发集体行动的情感因素是非理性的并且整个社会都是病态的。20 世纪 70 年代，这一研究思路遭到了许多学者的质疑和批评，取而代之的是以倡导理性为主的资源动员视角来研究集体行动，并且长时间地占据主流话语权，情感分析被搁置起来。直到 20 世纪 90 年代，情

---

① 童志锋. 认同建构与农民集体行动 [J]. 中共杭州市委党校学报，2011（1）：74-80.

感研究才逐渐开始恢复。造成这种现象的根源与当时西方社会稳定、行动者有专业化诉求有关。

然而在中国群体抗争的研究初期，学者对情感研究的重视度不足，主要是引进和吸收西方理论。后来，研究者们结合中国的实际国情进行本土化研究，除了继续从理性视角对集体行动分析外，还开始关注情感在集体行动中的作用。其代表性的观点有：将社会泄愤作为抗争事件的一种分类①，"气"或"气场"在抗争中的运用②，在抗争中的情绪共振效应③，悲情抗争④，等等。在我国进入社会转型、利益调整的关键时期，各种矛盾凸显，情感成为催生抗争的重要因素，再加上传媒的日益开放、新媒体的崛起，行动者采取"煽情""悲情"等抗争方式的成本大大下降。这就决定了情感研究在中国群体抗争中的重要性胜于西方。

从情感逻辑过程来讲，在动员阶段，我们可以借鉴学者提出的情感酝酿、情感引爆、情感巅峰等阶段⑤来研究环境抗争的情感逻辑。在情感酝酿阶段，公众的情感激发还处于萌芽状态，主要是由刺激因素引发受损者的害怕、担忧、不满情绪。在这个时期，污染、环保、受损公众间尚未构建成一个公共话题。但是这个时候受损公众会开始有意识地寻求关联，主要针对自

---

① 于建嵘. 社会泄愤事件中群体心理研究——对"瓮安事件"发生机制的一种解释 [J]. 北京行政学院学报, 2009 (1): 1-5.

② 应星. 气场与群体性事件的发生机制——对两个个案的比较 [J]. 社会学研究, 2009 (6): 105-121.

③ 朱力, 曹振飞. 结构箱中的情绪共振: 治安型群体性事件的发生机制 [J]. 社会科学研究, 2011 (4): 83-89.

④ 王金红, 黄振辉, 中国弱势群体的悲情抗争及其理论解释——以农民集体下跪事件为重点的实证分析 [J]. 中山大学学报 (社会科学版), 2012 (1): 152-164.

⑤ 陈颀, 吴毅. 群体性事件的情感逻辑: 以 DH 事件为核心案例及其延伸分析 [J]. 社会 2014 (1): 75-103.

我困境与外部环境。于是受损公众会彼此交流感受与心得，发现自我的困境其实是大家共有的困境，这个时候相同的遭遇会激发起成员共同的愤怒情绪，情绪与日俱增，集体认同感开始构建，从而成为动员的基础。

在情感引爆阶段，情感的爆发需要在累积的基础上找到一个临界点来突破，这个时候公众在情感酝酿阶段已经积聚了对污染行为或项目建设的诸多不满、担忧的情绪，情感只需要一个引爆点就会立即点燃。在环境抗争中，这些引爆点常常表现为：受损公众向政府申诉、遭到政府的屡次拒绝或搪塞、最后协商失败或新情况。例如，在湖南省的镉污染事件中，44岁的村民罗某某因镉中毒突发去世，之后不久，又有两位村民因为同样的原因相继离世，眼看着与自己生活在同一个环境下的村民因为镉中毒纷纷死亡，整个受损村陷入人人自危的境地，村民积怨已久的情绪终于爆发了，于是村民再一次向当地政府提出申诉，而政府对死者的消极态度让公众彻底愤怒。

情感巅峰阶段是群体集聚、对抗政府的阶段，公众的情感达到最顶峰，受损公众采取游行、示威、堵路甚至抢砸等所谓的"正义表演"形式，不断动员其他受损公众参与进来。

从情感动员内容来看，有学者对网络动员研究后得出"愤怒、悲情及戏谑是激发网民行动的主要情感"[①] 的结论。其中，愤怒与悲情这两种情感在环境群体抗争中表现突出。无论是在新媒体上受损公众发表各种言论，还是在动员过程中各种标语、宣传材料上的内容，愤怒和悲情都占据了情感的大部分。这些内容的表达要么极度愤怒地控诉企业行径和政府行为，引发公众的群体愤慨，要么把受损公众描述成手无缚鸡之力的弱

---

① 杨国斌. 悲情与戏谑：网络事件中的情感动员 [J]. 传播与社会学刊，2009 (9)：39-66.

势群体，生存空间受到威胁，引起同情。无论是哪种情感，都能引发受损公众与其他公众间的共鸣。值得注意的是，情感动员也是一把双刃剑，虽然在号召公众参与、扩大事件影响上扮演着重要角色，但是也会被别有用心的人利用，这些人多是利用情感的噱头，打感情牌，挑拨公众与政府之间的关系，加剧政府与群众间的矛盾。

3.3 环境群体抗争策略与"剧目"

在群体抗争中，抗争策略的运用是整个抗争行动的关键一环，是决定抗争能否取得成功的重要因素。蒂利借助戏剧艺术相关的术语——"表演"和"剧目"，提出"抗争剧目（Repertoire）"的概念，即一种地方性的、为人熟知的、在历史中形成的群体性的诉求伸张活动的表现形式，简而言之，就是人们为了追求共同的利益而普遍知晓的可用抗争方式的总和。蒂利认为，抗争剧目具有稳定性，表演根植于历史和文化深处①，在抗争者与国家的长期互动中，剧目在一定时空内反复出现，然后汇聚成固定的、群体熟悉的常备剧目，并被反复运用于诉求者和诉求对象的对手戏中。但是随着时间、空间、抗议者与诉求对象的变化，抗争剧目也会做出相应的调整和变化，选择何种剧目反映了抗争者的策略，也反映了抗争主客体之间的关系。蒂利的研究选取的样本是欧美发达国家，虽然和我国的国情不同，但他已经考虑到不同社会基础和政治背景，是在抗争发生的不同时间、地点、行动者、相互作用、诉求以及结果诸方面

---

① 裴宜理. 中国式的"权利"观念与社会稳定 [J]. 阎小骏，译. 东南学术，2008（3）：1-4.

呈现的差异和共性中捕捉出的特点。

　　关于抗争剧目的选择，国内学者引入和遵循詹姆斯·斯科特（James Scott）提出的"日常抗争的弱者的武器"这一视角来解释中国抗争的行为。李连江与欧博文提出"依法抗争"，即农民依据法律法规进行合法反抗。① 于建嵘通过实地调查研究提出"以法抗争"，抗争者直接挑战他们的对立面，即直接以县乡政府为抗争对象。② 董海军基于斯科特的研究，提出"利用弱者身份"的优势积极地进行利益表达。③ 徐昕则提出"以死抗争"，即把以生命健康作为代价和赌注的悲情行为作为一种抗战策略，这在基层民众中并不罕见，尤其是农民工在维权中，频频出现宣称自杀或发生自杀式的维权事件。然而，以上研究都有一个共同点，即这些策略都是从个案分析出发，在特定事件中片段式地提取出参与者的抗争方法，总结出参与者表达诉求的抗争策略，这种研究结果虽然富有意义，在特定事件中有较强的解释力，但却不能对同一类型的事件进行概括性的总结。本书研究的对象是环境领域中的150起群体性事件，尤其是在作为对抗争结果有着至关重要影响的行为策略的选择上，抗争者采用何种策略表达环境诉求？是否可以总结出能够基本涵盖和框定环境领域的抗争策略的方法呢？

　　本书研究的150起环境群体性事件在发生地点、过程、结果、参与者上不尽相同，可借鉴蒂利和塔罗对剧目的研究，不同政体导致抗争者采取不同的行动剧目。在民主国家，因为有

---

① 于建嵘. 当前农民维权抗争活动的一个解释框架 [J]. 社会学研究，2004（2）：44.

② 于建嵘. 当前农民维权抗争活动的一个解释框架 [J]. 社会学研究，2004（2）：44.

③ 董海军. 作为武器的弱者身份：农民维权抗争的底层政治 [J]. 社会，2008（4）：34-58.

专门设立的处理和控制冲突的机构，公众大多采用有节制的抗争；而在专制国家，独裁政权将许多的表达形式视为危险物，因此抗争多采用逾越界限的形式。在混合型的政权中，逾越界限的抗争和有节制的抗争共存。在中国的环境群体抗争中，逾越界限和有节制的抗争都存在。

3.3.1 有节制的抗争

所谓有节制的抗争①，指的是这样的一种抗争：就像公众集会的参与者们开始呼喊煽动性口号时所发生的情形，但它还是在政权所规定或容许的提出要求的形式中。在中国，有节制的抗争行动表现为以较为理性、合法的手段向政府表达诉求，争取合法利益。在环境群体性事件中，最常见的有节制的抗争包括环境上访、环境行政复议、环境诉讼、向新闻媒体求助等。

3.3.1.1 环境上访

按照不同的抗争策略环境上访可分为两种不同的形式，一是"调解型抗争"，二是"直接行动"。就行动的激烈程度而言，前者的抗争方式属于温和型，其具体表现为利益诉求者并不与抗争对象直接抗争，而是利用现有的诉求管道，寻求上层支持者的保护和同情，集体上访就是这一典型的表现形式。学术界一般使用信访制度衍生而来的上访概念，实际上包括了用来信的方式反映问题的信访和用走访形式反映问题的上访。在环境群体性事件发生前，大部分受损公众会采取体制内的救济渠道，即希望通过上访的形式打破官僚体制的藩篱，向领导表达诉求，以期解决纠纷。在笔者收集的 150 起环境群体抗争案例中，除去不详信息的个案，采取上访形式的环境群体抗争占比高达 70%。经检验，城乡集体行动发生前是否发生过上访有

---

① 麦克亚当. 斗争的动力 [M]. 李义中，屈平，译. 南京：译林出版社，2006.

显著差异（$\chi^2 = 7.752$，$p < 0.05$）。在乡村，上访的比例高达 74.5%。

在湖南镉污染的事件中，当地居民被查出镉超标之前，即 2003 年湘和化工厂建成投产后不久，工厂生产导致的污染问题就引发了当地居民的不满，当地村民一直向乡镇政府反映问题，要求解决问题，但遭到乡镇政府的拒绝，于是当地村民将有关证据和材料交到县政府、县环保局，向市环保局、市政府反映情况。但有关部门始终没有采取得力的治污措施，给群众的回复要么就是"正在研究"，要么就是"正在处理"，甚至上访群众还遭到乡镇政府的围追堵截。当地村民的诉求一直未能得到政府的重视，村民内心不满和愤怒的情绪一直在累积，村民与政府的矛盾和隔阂不断加深。到 2009 年，一位村民因镉中毒去世成为事件的引爆点，这位村民的离世让其他村民惶恐不安，于是 200 多名村民向当地政府提出检查身体、处理污染以及赔偿的请求。在长达两个多月与政府的沟通、协商中，村民的诉求都没有得到很好的解决，矛盾再次升级，终于引发上千人围堵政府、派出所的极端行为。

环境上访本是为加强地方政府与公众联系，是国家赋予民众的基本权利。但是在实际情况中，这是一条脆弱的"下情上传"的渠道，上访常常被用来检验是否稳定和谐，一些地方政府视上访者为"洪水猛兽"，不惜对上访公众采取种种抵制、打压政策，如置之不理、拖延甚至围堵、抓捕、关押、劳教上访者。个别地方政府不但没有解决矛盾，反而激起民众更大的怨恨和愤怒，一旦超过民众的承受极限，群体性事件随即爆发。

3.2.1.2 环境行政复议

行政复议是行政诉讼的必经程序，受理机关一般是做出具体行政行为的行政机关所属的人民政府或其上一级主管部门。行政复议是公众环境维权、群体抗争的重要途径之一，据环保部原副部长潘岳在一次会议上的介绍："从 2005 年起，环境行政复议案增长迅速，2009 年，仅这一年的其中 10 个月，环境行政复议的案件总数就相当于 2007 年之前办理案件数的总和。"这个数据反映出我国环境保护矛盾重重，同时这也反映出越来越多的公众希望通过环境行政复议来表达诉求，解决问题。如果相关部门处理不当，很容易引发群体性事件。在笔者收集的150 起环境群体抗争案例中，有不少环境群体性事件发生前受损者采取了行政复议的手段。

2009 年 4 月，西部垃圾焚烧厂几经易址后终于落户秦皇岛市抚宁县留守营镇潘官营村，然而直到半年后，村民在村委会召开的关于垃圾焚烧项目征集意见的会议上才第一次了解到此消息。2009 年 5 月，河北省环保厅下发环评批文，当地政府准备开始建设该垃圾焚烧项目。但当地公众担心垃圾焚烧厂可能产生致癌物加之征地赔偿问题一直悬而未决，该项目遭到项目附近的潘官营、小营、黄义庄、桃园等 37 个村委会的集体一致反对。2010 年 8 月，经过推选，几名当地村民联名向环保部申请行政复议，请求环保部做出裁决，请求撤销河北省环保厅发布的环评批文。4 个月后，环保部做出维持上述批文的行政复议决定。

在北京发生的反对六里屯垃圾焚烧厂事件中，项目周围小区的居民在维权的过程中，两次提出行政复议。第一次是 2007 年年初，当地居民就六里屯垃圾焚烧项目的规划问题向北京市政府申请行政复议。2007 年 5 月，行政复议结果是予以维持。第二次是 2007 年 2 月，当地居民向环保部申请行政复议，要求停建垃圾焚烧厂。2007 年 6 月，环保部维持北京市政府的决定，但特别强调"未经核准不得擅自开工建设"。随后，北京市相关部门在论证垃圾焚烧项目过程中发现垃圾焚烧可能存在环境风险，最终做出了弃建的决定。

3.2.1.3　环境诉讼

我国大多数法律规定，公民在选择了行政复议之后如对复议决定不服，可以提起行政诉讼。行政诉讼是公众维护环境权益的一种重要方式，是典型的"民告官"①。中国环境诉讼可以分为两种：一种是环境民事案件，目的是停止伤害，寻求受损赔偿；另一种是针对政府部门的行政诉讼，主要是为了纠正错误或非法的行政活动。然而，在实践中，环境纠纷的司法救济并不强，中国的环境诉讼案件数目很少，环境诉讼一直被业内人称为"难于上青天"的诉讼。中国政法大学污染受害者法律援助中心主任王灿发将环境司法的难处归纳为：起诉难、举证难、鉴定评估难、找鉴定单位难、因果关系认证难、胜诉难、执行难"七难"，很多案件从提起诉讼到最终结案需要花费几年的时间。② 在笔者收集的 150 起环境群体抗争案例中，采取环境诉讼进行环境抗争的案例仅有 4 起。其中最有代表性的是秦皇岛反对西部垃圾焚烧风波。

在前面提到反对西部垃圾焚烧项目环境行政复议失败后，2011 年 1 月，4 位村民代表向河北省环保厅提起行政诉讼。2011年 5 月，河北省环保厅撤销批文，要求在新的环评报告批准前该垃圾焚烧厂不得施工。村民的抗争暂时取得成功，但新的问题接踵而至。2011 年，西部垃圾厂所属的浙江伟明公司成功通过环保部的环保上市审查，加上伟名公司与村民的沟通不畅再次激怒村民。经过多方查证、核实，村民发现了该项目环评材料造假的证据，具体表现为：一是项目公示两次，但村民表示从未见到公示公告；二是公众参与意见调查表造假，受访村民

---

① 胡宝林，湛中乐.环境行政法 [M].北京：中国人事出版社，1993.

② 李兴旺，宁琛，刘鑫.艰难推进中的环境维权 [M] //梁从诚.2005：中国的环境危局与突围.北京：社会科学文献出版社，2006：64.

的姓名与数量与实际不相符；三是会议记录中的时间和签名涉嫌伪造。2012年，2名村民代表以"环保部核查通过具有环境违法行为的企业"为由，将环保部起诉至北京市第一中级人民法院，但法院裁定：此案不予立案。该风波并没有停止，村民与企业、政府仍在对峙僵持中，村民及其代理律师准备向国务院办公厅、监察部和审计署举报。

在安徽省仇岗村反化工污染事件中，村名张某某带领全村村民与当地排污企业进行长达5年的抗争。在数次上访无效后，张某某决定采取法律武器，起诉当地污染企业。可是张某某很快发现自己力量弱小，"如果受害方要想采用法律手段，需要有证据，其中包括相关手续、化验单。反观企业，在法庭上，化工厂不仅有合格的生产许可证，还有无污染的各种证书，甚至还有省里和市里颁发的各种先进企业的奖牌"。2004年和2005年的两次开庭并没能制止化工厂继续排污。

3.3.2 逾越界限的抗争

由于有节制的抗争方式有时处于失效状态，公众不得以只能从较为温和的体制内抗议方式转向体制外抗争。在蒂利看来，逾越界限的抗争指的是"那种越过了制度性的界限而进入到被禁止的或未知地带的抗争"。这类抗争要么是超出既定的标准和要求，要么是为了赢得广泛的关注和获取更多的抗争资源，采取创新的表达形式，甚至是过激的方式。学者克劳沃德等人认为，当穷人在抗争的时候，没有组织资源的帮助下，过激行为就是他们的唯一武器。在中国，当环境问题发生时，出于隐忍的传统思想影响，一开始，受损公众会选择比较温和的方式表达需求，如通过上访、行政复议甚至诉讼等体制内的救济渠道，但这些途径在一些情况下都无法有效解决环境问题和纠纷。于是迫不得已，受损公众就会转而寻求"弱者抵抗的武器"，即体制外的表达方式，有时甚至会突破传统的抗争形式，创造新剧目。

3.4　环境群体抗争的结果

蒂利与塔罗在抗争政治理论中谈到，抗争结果是指抗争有关的地点变化、政治行动者及其相互之间关系的改变。① 社会运动理论学者们不仅关注运动是如何发生的，还关注公众发生行动后带来的结果。这个结果可以包含两层含义，一层含义是抗争最后是否取得胜利，另一层含义包含的内容更为丰富，抗议结果不单只谈运动的成败，还包括抗争行为带来的深远影响。例如，抗争行为改变了国家政策，对于社会的政治、经济、文化等层面是否带来影响等。无论抗争成败与否，其抗争结果呈现的直接效应与间接效应常常是可以结合起来探讨的。如果直接从抗争结果上来讲，其具体表现为各级政府对与环境议题相关的公共政策做出的调整和改变，如处罚、整顿、改建、停建、停产、取缔等。从抗争结果的间接效应来讲，主要体现在政府对相关政策、规章制度的改变甚至是国家从战略上做出的改变，如针对抗争议题出台新的政策法规。在有的情况下，抗争甚至能够影响国家发展战略的方向。

3.4.1　抗争的直接结果

通过前文分析，环境群体抗争往往是由环境污染或者潜在危险项目引发的，因此公众抗争的目的除了一些经济赔偿的诉

---

① 查尔斯·蒂利，西德尼·塔罗. 抗争政治 [M]. 李义中，译. 南京：译林出版社，2010：250.

求外，更多的是希望停止污染或远离这些危险项目，这种诉求一直贯穿环境抗争的始终。因此，抗争的直接结果往往呈现如下状态：

公众针对已经发生环境污染事实的主体进行抗争，如反对化工厂，企业一般是污染的主体，公众的抗争对象也是企业，其抗争结果要么是企业置之不理，正常生产；要么是企业暂时停止生产，进行安全和环保整顿，污染事故较为严重的企业往往迁走或被直接取缔。

公众针对未发生环境污染但有潜在环境威胁的主体进行抗争，如垃圾焚烧项目、PX项目、核电站等，政府或有政府背景的企业是这些项目的实施者，公众抗争的对象是政府或与政府紧密相关的企业。其抗争结果是项目继续实施或项目暂停建设，或者是项目永久停止。

对于这两种抗争行为，我们可将抗争结果统计成三类，即企业或项目暂停、企业或项目照常运行、企业或项目取缔。根据2003—2014年影响较大的150起环境群体抗争的结果统计显示（见图3.3），除掉不详信息，在抗争结束后，企业或项目照常运行的占比为33%，抗争结果为企业或项目取缔的占比为24%，抗争结果为企业或项目暂停的占比为43%。但是在有些情况下，政府虽然下了项目停止生产或暂停建设的通知，但实际上是缓兵之计，是为了及时化解矛盾，属于平息民众情绪的手段，等舆论平复后项目有可能继续生产。

3.4.2 影响公共政策

安德森认为，政策变迁指的是出于各种原因，新的政策、规章制度取代已经存在的政策，这个新政策可以是一个，也可以是多个，具体而言是新政策的颁布实施、现存政策的修正，

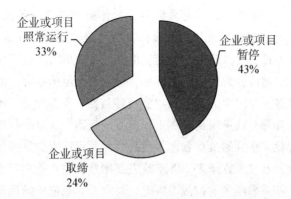

图 3.3　2003—2014 年影响较大的中国环境群体性事件抗争结果分布

或者是现存政策的废止。①重大的环境群体抗争事件除了事件本身产生直接效果，还常常会带来间接效应，如能够促使政府根据相关环境议题出台新的政策法规，使得公共政策变迁。首先，公共政策是政府机关解决公共问题所采取的行为准则和行为规范。人类社会在不断追求进步，只要有进步就会不断寻求突破与改变，因此公共政策随着时间的推移、社会的变化而不断演化。其次，"在西方，政府不是公共政策制定和执行的唯一主体，私营部门、NGO、公民都可以成为政策主体"②，但我国还尚不存在类似西方国家的多元决策体制，不过在多元利益主体的社会背景下，传统行政主导的封闭式政策制定模式向开放合作的模式转变，公共政策的制定不再完全是政府单方面的工作，政府日益开放的行为和态度使得公民有机会有效介入，并在与政府的互动中，形成相似的政策诉求，共同催生公共政策的演

　　①　杨代福.西方政策变迁研究：三十年回顾［J］.国家行政学院学报，2007（4）：104-108.

　　②　李东泉，李婧.从"阿苏卫事件"到《北京市生活垃圾管理条例》出台的政策过程分析——基于政策网络的视角［J］.国际城市规划，2014（1）：30-35.

变。在环境抗争中，政府常以事件主体或仲裁者的角色出现，无论政府扮演哪种角色，公众都会不可避免地与之频繁互动，在互动中推进公共政策的演变。再次，在大型的环境群体抗争中，如邻避设施的停建或取缔虽然意味着抗争的结束，但是却折射出许多深层次的话题，如公众参与性、环保理念、环境评价等在环保领域里面比较突出和前沿的问题，这为公共政策的制定提供了新鲜的素材和范本。最后，大型环境抗争的规模往往较大，参与人数众多，极易酿成群体性事件，给政府管理和社会秩序带来巨大的挑战。因此，政府为了规避此类风险，更好地促进环境治理，相应的公共政策就应运而生了。

2011 年，北京阿苏卫的社区居民为阻止垃圾焚烧厂项目展开各种抗议活动，这些活动虽然引起大量媒体报道和政府关注，但都收效甚微，对解决问题没有实质性的作用。于是社区居民开始转变思路，选择合作的方式，积极参与到政府关于垃圾焚烧的调研、考察工作之中。在参观完东京产业园后，北京市政府随即起草《北京市生活垃圾管理体例》，在 2012 年得到北京市人大审议通过。社区居民与政府在垃圾焚烧问题的解决过程中由冲突、对抗到对话，最终完美地促成了政策的出台。不仅如此，为了保证垃圾分类能够真正地贯彻执行，社区居民提出建设"绿房子"作为小区生活垃圾二次分类的试点，该社区最后被北京市昌平区列为垃圾分类示范小区，与政策落实相得益彰。①

2011 年，南京市因修建地铁需移植梧桐树，南京市民与多名微博名人联合发起"拯救南京梧桐树"活动，线上线下共同推动此事，将此事推到舆论的聚焦点。在政府与民间的互动和

---

① 李东泉，李婧. 从"阿苏卫事件"到《北京市生活垃圾管理条例》出台的政策过程分析——基于政策网络的视角 [J]. 国际城市规划，2014（1）：30-35.

博弈中，南京市政府不仅修改地铁路线，做出停止移树的决定，还以此为契机，最终催生了以"工程让树，不得砍树"为原则的《南京市城市建设树木移植保护咨询规定》，即"绿评制度"，这是我国地方政府实施"绿评制度"的首例，之后南京市再有重大项目建设，都需要对周边环境产生的影响做出评估，作为工程实施的前提条件，"绿评制度"的实施对南京市的环境保护产生了重要影响，也成为其他城市效仿的对象。①

2012 年 7 月，江苏省启东市民众因担心王子造纸厂修建的排污设施会给当地带来严重污染，成千上万的当地居民在启东市广场聚集，甚至与当地警察发生冲突。这件事引起国内外媒体关注，更引起江苏省委省政府的高度重视。为杜绝类似事件的发生，2012 年 10 月 29 日，江苏省环保厅吸取"启东事件"的经验与教训，下发了《关于切实加强建设项目环保公众参与的意见》，江苏省要求省内各地如有重大工程建设时，必须要进行环评，在环评中需要增设"稳定风险评估"内容，正式引入强制听证制度，积极采纳公众的意见。具体来讲，涉及大型、敏感、热点的环境项目时，如有潜在的重大环境风险，政府需要进行书面问卷调查，调查的样本不能少于 200 份。这些项目的建设信息需要在主流媒体上公示，最后需要对公众参与情况进行复核。②

---

① 曹阳，樊弋滋，彭兰. 网络集群的自组织特征——以"南京梧桐树事件"的微博维权为个案 [J]. 南京邮电大学学报（社会科学版），2011（13）：1-10, 34.

② 郑旭涛. 预防式环境群体性事件的成因分析——以什邡、启东、宁波事件为例 [J]. 东南学术，2013（3）：23-29.

4 不同行为主体在中国环境
抗争中的参与研究

前面从纵向角度对环境抗争的过程进行了梳理，本章从横向角度剖析抗争行为主体的参与现状与功能。这些主体既包括社会管理的职能部门——政府、环境污染的实施者——企业、环境群体抗争的参与者——公众构成的核心三角行为主体，也包括媒体、意见领袖、NGO 构成的其他重要参与主体。这些行为主体是中国环境抗争的支柱，在推动环境抗争发展中起到了决定性作用，甚至决定抗争走向。

4.1 核心三角行为主体

4.1.1 社会管理的职能部门——政府

在环境群体性事件中，政府无疑居于主导地位："无论政府是以仲裁者或调解者的面目出现，还是政府及其相关部门本身就是抗议的目标物——抗争行为都不可避免地要和各级政府机构打交道。"① 这也是蒂利界定的"抗争政治"。首先，我国处于社会转型阶段的关键时期，社会结构发生了深刻的变化，社会上存在一定的不和谐现象，不稳定因素增多，环境污染形势严峻，这给政府进行社会管理提出了新的要求和挑战，环境群体抗争的发生、发展与政府的管理有着密切的联系，处理好环境抗争事件应成为政府管理的重要任务。其次，在应对环境群体性事件中，政府作为唯一具有强制力的权威社会机构，需要发挥积极的作用，政府应成为治理环境群体抗争的主要力量，为维护正常的社会秩序负责。

在我国，政府对环境保护与治理负有重要责任，中央政府和地方政府各司其职，中央政府主要是重大环境举措、价值、理念的提出者，环境保护与治理政策的制定者，地方政府是这些方针政策的贯彻者和执行者。因此，在环境领域发生群体抗争时，各级政府都不免参与其中。作为政府的重要职能之一，各级政府应当在其能力范围内对公众环境参与、利益诉求等给予最大限度的满足和尊重，妥善处理公众的诉求，公正和有效地解决问题。

4.1.1.1 中央政府——宏观调控

以生态环境部为代表的中央政府机构在环境领域的主要职责如下：一是拟定相关的环保法律法规，组织制定各类环境保护标准、技术规范，如政府为了充分保障公民的参与权与知情权，减少大型项目带来的环境风险，出台有关公众参与的法规、环保信息公开条例；二是负责环境污染防护与治理的监督管理；三是落实和推行大型环保措施，如"环评风暴"；四是负责重大环境问题的统筹协调和监督工作。从以上职能可见，中央政府

---

① 刘能. 当代中国群体性集体行动的几点理论思考——建立在经验案例之上的观察 [J]. 开放时代，2008（3）：110-125.

主要从大局上把握中国环境领域的相关工作，对于很多环境群体性事件，一般都通过地方政府进行干预，只有当发生重大的环境事故或群体性事件，或者属于中央政府部门的职责而须履行时，中央政府直接介入的可能性会比较大。

在笔者收集的150起环境群体抗争案例中，有中央政府干预的环境抗争占比仅为21.3%，一种是环境保护部门的介入，如在湖南郴州儿童血铅中毒事件引发群体抗争后，环保部派专员到污染纠纷地督查；另一种是其他中央机构的干预，如在北京高安屯垃圾焚烧事件中，国务院行政复议司做出裁决。虽然中央政府机关对环境群体抗争的干预次数少，但是环境抗争一旦进入中央政府的视野，中央政府机关在解决冲突过程中发挥关键作用。在厦门反对PX项目的风波中，当厦门市民与当地政府形成对峙局面时，国家环保总局迅速做出反应，组织各方专家，对厦门市全区域进行规划环评。国家环保总局希望厦门市政府参考规划环评结论，对现有规划进行合理调整，尽可能改变PX项目紧邻厦门市居民区的局面。国家环保总局代表的是中央政府在环境事务上的立场和态度，能够引发新的舆论关注，在缓解矛盾和解决冲突方面起到关键作用。

4.1.1.2 地方政府——直接干预

通过前面的分析可知，2003—2014年国家每年投入环境治理的总额都在增长，中央政府花费大量的人力、财力、物力在环境保护和治理上，同时也积极制定和出台相关的政策、法规、方针。然而，地方政府是国家制定的环境保护方针政策的具体贯彻者和执行者，在实际操作中，经济发展凌驾于环境保护之上成为一些地方政府的选择，这使得环境保护和治理的落实走了样，其效果大打折扣。环境管理的松懈已经严重危害公众的生存环境和身体健康，由此频频爆发群体抗争事件，地方政府成为解决和干预环境群体抗争的主体力量。笔者收集的150起环境群体抗争案例显示，有市级政府干预占比最高（77.9%），乡镇级政府干预占比 44.9%，县（区）政府干预占比 32.4%，省级政府干预占比 31%[①]。

从国外政府部门应对抗争的方式来看，主要有两大类：一种是软性控制，该干预方法比较柔性、温和，如用禁言等[②]方式来干预。另一种方式与之对应，干预方式比较强硬，如警告[③]、逮捕、镇压、网络监察，甚至采用暴力干预[④]。我国地方政府在环境抗争中的干预呈现积极干预和镇压式干预两种（见图 4.1 和图 4.2）。其中在积极的干预方式中，政府召开公众座谈会、协调会的占比最高（41.5%），其次是实地考察（39.4%），还有征集市民意见（29.8%）、开展环评（28.7%）、专家论证会（27.7%）方式。在消极的干预方式中，占比最高的为堵截逮捕涉事者（56%），其次为暴力执法（52%），还有网络监控（如删帖，34.7%）、禁止媒体报道（28%）方式。

4.1.2 环境群体抗争的参与者——公众

参与者是群体抗争的主体，根据学者单光鼐的划分，在群体性事件的参与者中存在几种类型的共同体。在群体性事件中，参与者可以划分为：第一层的直接利益攸关者（引子）、第二层

---

① 因为同一事件可能会有多级政府干预，所以不同级别政府干预比例之和超过 100%。

② STERN RACHEL E，JONATHAN HASSID. Amplifying Silence：Uncertainty and Control Parables in Contemporary China［J］. Comparative Political Studies，2012（10）：1-25.

③ DELLA PORTA，DONATELLA，HERBERT REITER. Policing Protest：The Control of Mass Demonstrations in Western Democracies［M］. London：University of Minneasota Press，1998.

④ CUNNINGHAM D，DAVID. Surveillance and Social Movements：Lenses on the Repression Mobilization Nexus［J］. Contemporary Sociology，2007，36（2）：120-124.

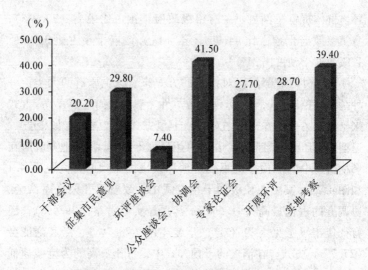

图 4.1　2003—2014 年影响较大的中国环境
群体性事件政府积极干预方式分布

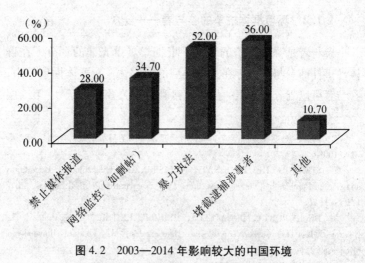

图 4.2　2003—2014 年影响较大的中国环境
群体性事件政府消极干预方式分布

的命运共同体（帮衬）、第三层的道义共同体（主持公道）、最外层的情绪共同体。① 这些不同的共同体要么基于共同的生活经验、体验，要么内部存在相对一致的认同感，但是出于核心议题的关联度不同，这些共同体在群体抗争中表现出各异的心态和行为。在笔者看来，参与者可以划分为两大类，一类是利益相关体，即第一层的直接利益攸关者和第二层的命运共同体都统属于利益相关体，因为命运共同体包含于利益相关体中，都是基于利益相关的人际关系而形成的圈层。第二类是情绪共同体，那么第三层的道义共同体归属于最外层的情绪共同体，道义共同体虽没有具体的利益关联，但抗争者出于愤慨、同情等情绪主持公道，维护正义，本身就表现出来强烈的情绪。

4.1.2.1 核心成员——利益相关体

在环境群体性事件中，利益相关体与环境争议存在最直接的利益关系，在抗争中表现最积极，这是由于这部分群体通常与产生污染的工厂或有危险的公共设施项目距离最近，他们的生存环境、生活质量以及身体健康直接受到极大的干扰和影响。一旦发生事故，污染或危险不会只影响到某一个人，而是带给邻近地带的所有个体无差别的损害，对于这部分群体，危害不会因为其性别、年龄、职业、财富状况的差异而呈现不同。在有些情况下，这些产生损害或具有风险的设施影响范围较小，可能只有几个村、几个社区受到影响。但对于大型项目，其污染或风险具有广泛性和扩散性，因此环境争议覆盖的范围就会扩大，受争议的个体数量也会大大增加。例如，云南 PX 项目影响的范围是整个昆明市区；湖南岳阳平江的火力发电项目影响

---

① 单光鼐，蒋兆勇. 县级群体性事件的特点及矛盾对立 [EB/OL]. (2010 – 01 – 20) [2017 – 07 – 30]. http://www.21ccom.net/articles/zgyj/ggzhc/article _ 201001202212. html.

整个县，涉及几十万人口；广东汕头海门发电厂涉及十几万当地居民；等等。

无论是规模较小的利益共同体，还是规模较大的利益共同体，在面对环境问题时，出于"命运"和遭遇的一致性，都表现出强大的"共意性"特征，加之这部分群体具有天然的血缘、地缘、业缘的关系。在农村的"熟人社会"中，这些关系能够给农民带来心理上的归属感和道德上的约束力。心理上的归属感可以使村民主动关心自己的生存环境，积极介入环境抗争行动；道德上的约束力则会使每一个想长期生活在村中的村民不会背叛集体抗争行动，甚至还能够解决集体行动"搭便车"的困扰。虽然在农村，互联网等资源的利用率不如城市那么高，但"熟人社会"中人们可以面对面地畅通交流。城市是以社区为单位的，虽然城市社区不如农村社会的归属感强，但互联网的普及、社区的组织为抗争者之间的联系交流提供了便利。

4.1.2.2 旁观者——情绪共同体

除利益相关体外，情绪共同体也在抗争中发挥着重要作用。这个群体虽然与环境纷争没有直接利益和冲突关系，完全出于情感的逻辑，或者因为道义给予支持和帮助，或者出现情绪感染，如同情、不满、愤怒，或者是完全出于看热闹、幸灾乐祸的心态加入抗争中。无论是出于什么目的，这部分群体都受到情绪的支配，与利益相关体共同推动事件的发展。这在互联网上表现得比较明显。舆论的关注与争议的最终解决有密切的关系。一方面，在环境群体抗争爆发后，情绪共同体的出现使得关注该事件的人数陡增，有利于抗争赢得更广泛的关注和声援，"众人拾柴火焰高"，人们通过舆论向地方政府施加强大的压力，为利益共同体争取到抗争资源，不仅为事件发展推波助澜，更为问题的解决起到非常关键的作用。例如，在南京梧桐树引发的风波中，除了南京本地市民积极行动保卫梧桐树外，其他地方的公众也高度关注此事，尤其在新浪微博上发起的"拯救南京梧桐树，筑起绿色长城"活动得到全国各地网民的响应，人们纷纷发帖声援南京市民，意见领袖也积极参与此事，进一步扩大事件的影响，给当地政府形成巨大的舆论压力，最后促使政府部门妥善解决好南京梧桐树问题，同时也满足了网友的参与感和道德感。另一方面，情绪共同体中也有一部分人唯恐天下不乱，出于煽动作乱的目的，发布和传播一系列不实消息和谣言，造成利益共同体的恐慌和不安，严重破坏社会秩序。例如，在广东茂名反对 PX 项目事件中，微博、微信传播耸人听闻的"坦克进城""市民流血横卧街头"的谣言和虚假图片，成为舆论恶性发展的助推器。

4.1.3　环境污染的实施者——企业

在环境领域中，除去政府建设的公共设施，与环境争议最相关的就是企业，一些企业往往是污染的源头。因此，在环境抗争中，企业往往成为抗争的焦点。

4.1.3.1　企业与污染标签

在我国，企业是市场经济的主体力量，是许多污染的源头，理应成为环保的先发力量。笔者通过梳理文献发现，很多企业环保设施不足，企业家环保意识较差、社会责任意识不强，在企业建设、生产以及运行过程中不重视环境保护。[①] 造成这样的局面，从一定意义上来说，政府难辞其咎。一位政府官员曾在北京召开的一次会议上称："政府在管理企业中，对于企业承担社会责任这一方面不够注重，一些地方政府出于财政税收的考虑，对企业的违规操作'睁只眼，闭只眼'，最后社会责任不是

---

① 中国企业管理研究会，中国社会科学院管理科学研究中心. 中国企业社会责任报告 [M]. 北京：中国财政经济出版社，2006.

必须行为，而是出于自愿。"① 企业家环保自觉性低，企业缺乏有效的环境保护预防和评估机制，环境污染损失成本低，刑事惩治手段往往被束之高阁，排污成本居高不下，加之政府背后的利益纠葛和纵容，使得企业的环境保护成为空中楼阁，污染事件频频发生，由此引发的争议不断。在这些抗争和纠纷中，涉及的企业类型也不尽相同。根据笔者收集的 150 起环境群体抗争案例的统计结果显示，涉及国有企业的环境抗争案例占比41%，涉及民营企业的环境抗争案例占比 52%，涉及外资企业的环境抗争案例占比最少，为 7%（见图 4.3）。以下分别讨论这 3 种企业类型在环境抗争中的表现与行为。

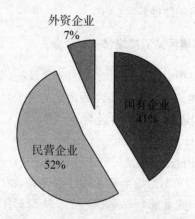

图 4.3　2003—2014 年影响较大的
中国环境群体性事件涉事企业分布

　　关于国有企业，有四成多的环境抗争与之相关，起因多与污染项目、违规操作有关。国有企业本应该做好表率，在追求经济效益的同时履行环境保护的责任，但是在实际中，国有企业往往是污染的大户。2014 年 12 月，一家 NGO 公众环境研究

---

　　① 庞皎明. 公司责任：陷阱还是馅饼？［N］. 中国经济时报，2006-02-22.

中心发布报告称：在 200 多家上市企业中，出现了诸多大型国有企业的身影。调查发现，中化集团、中国铝业等大型国企及其在地方的子公司，在调查的 3 个月内，都存在超标排放、环境违规的情况。五大行业（电力、水泥、有色金属冶炼、钢铁以及化工）的企业污染行为最严重。这些行业基本都是由中央和地方政府控股的国有企业。此外，类似《南京五大环境违法案件通报，知名国企环境污染七宗罪》《国营山西锻造厂等国企环境违法挂红牌》《环保部首次公布排污黑名单，部分国企成违法钉子户》的新闻可常常见诸报端。一些国有企业之所以这样，除了企业共通的原因外，有其特殊缘由：一是一些国有企业尤其是大型国有企业的行政级别比地方政府的级别还要高，个别企业无视当地的环保要求。例如，2012 年环保部曾对中石化下属企业进行督查，该下属企业竟以"国计民生"为借口疯狂排污，这引得广东省环保厅官员拍案而起，怒斥"中石化要挟地方政府"。二是国有企业往往是地方政府的纳税大户，有的大型国有企业还在地方承担起部分公共基础设施建设等职能，加之"政企不分"问题解决不彻底，实际上大型强势国有企业在地方上扮演着部分政府角色，地方政府被各种利益挟持，环保执行存在一定程度上的"落空"。①

关于民营企业，有超过一半的民营企业涉及环境抗争。民营企业在改革开放 40 年来，为我国的经济发展做出了巨大的贡献，但也成为环境污染的主体，尤其是中小型民营企业，其掠夺式开发、粗放式经营给环境造成严重污染。2013 年，广西的统计数据显示，在各个类型的企业污染物排放总量中，中小企

---

① 李松林. 企业环保违法屡罚不改如何破局，企业环保违法屡罚不改如何破局 [EB/OL]. （2015-04-02）［2017-07-30］. http://news.xinhuanet.com/fortune/2015-04/02/c_127649053. html.

业占比居多。这些污染物给当地居民的身体健康带来极大的损害。关于民营企业环境污染的原因，有几种比较有代表性的说法：一是中小型民营企业为当地政府贡献不少税收，一些地方政府在以经济发展为先的理念下，面对企业的违法行为，往往熟视无睹。二是中小型民营企业为了节省成本，不会主动完善和更新环保技术、环保设施，即使具有环保设施，在生产的过程中也不会使用，致使污染物没有经过任何处理就排出。三是基层环保力量缺乏，执法力量有限。例如，在河北省的某些地区，一般情况下，乡镇的环保执法人员只有几个人，而环保执法人员面对的监督对象——企业数量众多，有的地方企业可多达上百家。环保人员人手紧缺，无法对企业的违规行为进行有效监督。有的企业想出各种"花招"，与执法人员博弈，为逃避监督，白天正常生产，晚上违规排放。

关于外资企业，只有7%的环境群体抗争与之有联系。对于外资企业与环境污染，社会各界有两种假说：一种是消极的"污染天堂"说，该说法认为外资企业出于降低污染成本的目的，大量将污染类产业转移到中国，加剧环境污染。与之对应的是积极的"污染光环"说，即认为外资企业的管理经验和环保技术能改善中国环境，推动中国的环保发展。[1] 无论持哪种观点，外资企业在中国造成一定的污染已经是事实。

4.1.3.2 企业与抗争者、政府

在由企业污染引发的一系列环境纠纷与抗争行为中，企业、抗争者、政府三方是抗争核心行为主体。如图4.4所示，处在核心位置的是各级政府，它们既是企业的监管者，又是受损民

---

① WANG D T, CHEN W Y. Foreign Direct Investment, Institutional Development, and Environmental Externalities: Evidence from China [J]. Journal of Environmental Management, 2014, 135 (4): 81-90.

众的保护者；其次是企业，它们是污染排放的实施者；最后是受损公众，即抗争者。

地方政府既执行国家制定的有关环保的方针政策，也自行制定地方环保规章制度，但是在市场经济体制下，环保法律法规的执行存在走样，一些地方政府对企业的违法排污行为视而不见，甚至一味地袒护和包容。当民众申诉企业污染行为后，一些地方政府采取安抚、拖延的方式，甚至不理不睬，对企业的环保检查"走过场"，对企业的惩罚也是"蜻蜓点水"，力度薄弱。在矛盾彻底激化后，特别是发生群体性事件后，一些地方政府一方面进行打压，另一方面主动与受损公众进行沟通，抚平情绪。这时，一些政府才会对企业真正追究责任，或者令其停产整顿，或者令其停止生产，或者直接取缔，问题严重时甚至逮捕企业负责人。

个别企业对于政府环保规章制度熟视无睹，不会主动采取相关环保行为。当政府进行执法行动时，一些企业便会暂停污染行为，敷衍了事，妄图蒙混过关，一旦执法行动结束，又立即恢复污染行为。对于受损民众的诉求，一些企业要么不理不睬，要么狡辩、拖延。在政府的干预下，污染企业会有所收敛，但等风声一过，恢复原样，甚至更加放肆。甚至民众彻底爆发激烈抗议行为时，极个别企业还会强烈反击。

受损民众在遭到长期严重污染侵害后，最先是采取体制内的方法，比如去找涉事企业反映问题，要求赔偿，或者找当地政府甚至上级政府申诉。在反复的协商、申诉和呼吁无果，纠纷无法得到解决的情况下，公众会采取逾越界限的方式进行抗议，如围堵公路及工厂、砸毁企业设施，甚至发生斗殴行为。这一举动会引起政府的重视，但越界抗议群众的违法行为也会受到严惩。

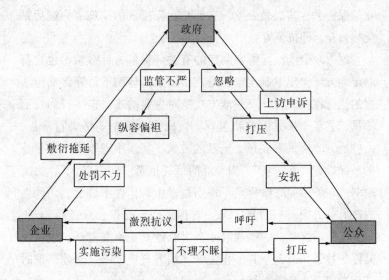

图 4.4　2003—2014 年影响较大的
中国环境群体性事件核心行为主体关系分布

4.2　其他重要参与主体

　　如果说公众、企业、政府是环境抗争的三大主角，那么大众媒介、精英人士（意见领袖和专家）、NGO 在推动环境抗争的发展上起到关键性的作用。

4.2.1　媒体

　　社会运动与媒体渊源深厚。蒂利曾谈道："社会运动刚刚兴起时，印刷媒体如报纸、杂志等就在运动中扮演着重要角色，其主要作用是传播消息，包括报道运动的经过、结果并且对这些行动给予评论。"① 可以看出，社会运动从一开始起，就与媒体结下了"不解之缘"，媒体作为一个非常关键的角色参与其中。进入 21 世纪，以论坛、博客、微博、微信为代表的新媒体迅速发展，打破了自上而下单向传播的垄断格局，草根阶层获得了一定的话语权。② 约翰·汉尼根这样评价："要想环境问题得到很好的扩散、解决，问题必须受到媒体的关注。"③ 在环境抗争中，新媒体日益成为抗争主体表达抗争诉求的平台，这将在后面进行详细的分析。那传统媒体在环境群体抗争中的表现如何呢？媒体对社会运动的嵌入和影响又体现在哪些方面呢？

4.2.1.1　抗争中的稳定剂

在环境抗争中，无论是在农村发生聚众斗殴、围堵行为，还是在城市发生游行、示威行为，都会给社会秩序的正常运行带来严重的挑战。政府在面对紧张的对峙关系时，以"普通大众"为核心形成的民间舆论和以"政府机构及传统媒体"为中心形成的官方舆论之间差异甚巨，出现了"双重话语空间"，如何消除公众的不满，迅速平复舆论，恢复秩序，这需要传统媒体来发挥作用，传统媒体为公民和政府搭建起信息沟通的桥梁，成为抗争中的稳定剂。

深度报道提供多元视角，引导舆论健康发展。在环境群体性事件中，新媒体常常在新闻源方面抢先，但传统媒体在深度报道、观点视角、权威真实等方面占有绝对的主导权，不仅仅停留在爆料层面上，而是为公众提供多元的报道视角，为公众建立公共讨论空间，引导舆论朝着健康的方向发展。

① 查尔斯·蒂利. 社会运动 1768—2004 [M]. 胡位均，译. 上海：上海世纪出版集团，2009：116-117.

② 周瑞金. 新意见阶层在网上崛起 [J]. 炎黄春秋，2009 (3)：52-57.

③ 约翰·汉尼根. 环境社会学 [M]. 2 版. 洪大用，等，译. 北京：中国人民大学出版社，2009：83.

例如，在广州番禺反对垃圾焚烧事件中，当地媒体的报道主要分为两大阵营：以广州市和番禺区各级政府机构、官员以及"主烧派"专家为代表的"主烧派"和以涉事市民为代表的"反烧派"，此时媒体不仅充当了政府决策的信息情报系统，也收集民意，有效地传递社会各利益主体的声音。《番禺日报》扮演的是政府喉舌的角色，《南方都市报》扮演的是公众利益代表的角色，《广州日报》介于公众与政府之间，它们分别从不同角度收集信息，报道事实，陈述观点，讨论虽然激烈但不失理性，为大众与政府之间搭建了有效的沟通平台。

4.2.1.2 本地失语与异地监督

第一，本地失语。

媒体对舆论进行监督，在一定程度上影响着环境问题是否得到社会关注，是否引起政府关注，最后是否得到很好的处理。媒体的监督效果有时不尽如人意，在环境领域的监督作用并不十分突出。按常理来说，本地媒体应该担负起当地新闻消息的报道、传播，但遇到"不光彩"的事件时，当地媒体往往集体沉默，失去了舆论监督的作用。这是由于这些媒体受制于当地政府，这些媒体与政府有着千丝万缕的关系，因此在开展舆论监督的过程中困难重重。

由于环保问题的特殊性、敏感性，在环境领域，一旦发生群体性事件，当地政府肯定会受到质疑，如果这个时候，媒体报道该事件，甚至将舆论的矛头指向政府，必然会受到政府的"惩罚"。因此，一些地方政府在面对民众的环境抗争时，视其为"洪水猛兽"，通常会压制或隐瞒信息的传播，严防走漏消息，以免影响本地的经济发展、官方的政绩以及形象声誉。因此"失语"现象在地方上并不少见。在政府的强力控制下，环境群体抗争始终不能进入当地媒体视野。此时，外地媒体"乘虚而入"，扮演了异地监督的角色。

第二，异地监督。

当地媒体被一些地方政府禁止报道有关环境群体抗争的消息，只能报道和宣传有利于当地政府的言论。而外地媒体由于与当地政府没有直接的利益关系，往往可以不受到当地政府的制约。在环境群体性事件爆发后，异地媒体纷纷前来进行实地考察、采访，有关环境抗争的消息被外地媒体视为"猛料"而趋之若鹜。① 此时，外地媒体在法律法规允许的框架下，在新闻纪律允许的条件下，会从各个方面、各个角度公开地讨论和报道，为全国公众提供有关环境群体抗争的更深入的信息，一度占领舆论的制高点。

例如，厦门反对 PX 项目事件可以称得上是媒体异地监督的典范。在当地专家联名提交"关于厦门海沧 PX 项目迁址建议的提案"时，这个消息得到了《中国经营报》《南方都市报》《中国青年报》等多家外地媒体的报道，然而厦门当地的媒体却只字不提。在厦门市民集体"散步"行为发生时，厦门本地媒体《厦门晚报》依旧充当当地政府的喉舌，从政府的角度报道，把抗争行为定性为"非法参与"。而异地媒体，如《中国经营报》《南方周末》等的报道内容却与《厦门晚报》的报道内容截然不同，外地媒体将报道的重点定位在抗议者的层面，将公民的抗争行为重新界定为"公民的有效参与"，而不是"非法参与"。这些在全国具有影响力的媒体对该事件进行重塑，使得舆论发生巨大逆转，为环境抗争取得最后的胜利起到了关键性的作用。②

---

① 覃哲，转型时期中国环境运动中的媒体角色研究［D］.上海：复旦大学，2012.

② 覃哲，转型时期中国环境运动中的媒体角色研究［D］.上海：复旦大学，2012.

4.2.1.3　传统媒体与新媒体形成良性互动

在新媒体蓬勃发展的背景下，传统媒体依然在环境抗争中扮演了重要的角色。特别是在环境抗争发展的后期，新旧媒体各司其职，通过竞争和合作，共同将舆论推向高潮，进一步扩大了政治机会结构。在环境群体抗争中，新媒体往往抢占舆论先机，后来传统媒体加入，新旧媒体之间开始出现相互引用对方消息的情况，传统媒体会时常利用新媒体传播的一些信息，作为报道的消息源。传统媒体的权威性和深度报道会引起公众的关注，被各大新媒体转载。新媒体和传统媒体通过协同合作共同完成新闻生产，形成了一个"拓展了的媒介生态体系"①，共同推动舆论的发展和生成政治机会结构。

4.2.2　精英人士

精英人士对于问题的见解往往比普通网民更为深刻，时常扮演着"引领者"与"启蒙者"的身份，尤其是在对事件"合法性"意义的阐发和事件的动员中扮演着非常重要的角色。② 在笔者收集的150起环境群体抗争案例中，据可查证的消息，有29%的案例中有精英人士参与（见图4.5）。在这些精英人士中，有内部精英人士和外部精英人士之分。

4.2.2.1　内部精英人士——领导者

在抗争的核心成员中，会涌现一部分优异分子，他们凭借其过人的见识、较强的社会正义感往往成为抗争中的领导者，号召、动员、组织大家进行抗争，对推动抗争的发生和发展、促进问题的解决起到关键性的作用。他们既是在为公众说话，

---

① 邱林川. 手机公民社会：全球视野下的菲律宾、韩国比较分析 [M] // 邱林川，陈韬文. 新媒体事件研究. 北京：中国人民大学出版社，2009：291-310.

② 付亮. 网络维权运动中的动员 [D]. 合肥：安徽大学，2010.

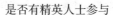

是否有精英人士参与

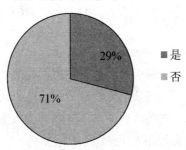

29%

■ 是

■ 否

71%

**图 4.5　2003—2014 年影响较大的中国
环境群体性事件抗争精英人士参与分布**

也是在为自己说话，成为抗争中名副其实的领导人。

在农村，领头者可能是退伍军人、村委会工作人员或经济实力比较强的人。他们通常比普通村民见过更多的世面，对局势有着更深刻的认知。在城市的环保抗争中，学识较为丰富、社会地位比较高的人士容易脱颖而出，成为抗争的引领者。例如，在厦门反对 PX 项目事件中，厦门大学教授赵玉芬等 105 名全国政协委员在"两会"上提交"一号提案"，这一举措不仅增强了环境抗争的权威性，也对厦门市政府形成了强大的舆论压力。除此之外，在厦门反对 PX 项目事件中，当地知名媒体人连岳的表现最为活跃，他在博客上刊登环评报告，揭露 PX 项目的危害，发表《厦门人民怎么办》等文章，鼓励厦门人民乃至全国人民捍卫公民应有的合法权利。

4.2.2.2　外部精英人士——舆论扩散和引导者

在环境集体行动中，还有一部分精英人士虽然与该事件无直接利益关系，但是出于道义或情绪感染，也参与到抗议中，他们可能是公共知识分子、媒体记者，也可能是明星等。在新媒体时代，外部精英人士在各种传媒平台上直接提供信息或转发事件，从而为公众揭示事件性质，引导舆论方向。外部精英人士依仗着庞大的粉丝群，一次又一次引起舆论风暴，为扩大事件的影响力及问题的解决起到重要作用。

4.2.2.3 专家——缺乏科学、公正、客观

在环境抗争中，环保议题包括环保的相关专业知识、环境方针政策的制定、大型项目建设决策，这些都离不开专家的研究、讨论和参与。在笔者收集的150起环境抗争案例中，有专家参与的案例占比为34%（见图4.6）。

专家本来应该凭借专业知识背景、技术专长等优势为环境决策提供支持、咨询与论证。然而在现实情况中，一些专家与一些地方政府行政部门关系紧密，在有些情况下，甚至成为政府的代言人。一旦需要进行环境项目论证，一些地方政府会选择"熟悉"的专家参与评估论证，而一些专家会"心照不宣"地为一些地方政府说好话，导致专家中立的角色丧失。有的专家如果为普通公众说话，其受到的阻力和压力非常大，会面临"被谈话"甚至被处罚的可能。因此，虽然统计结果显示，有专家参与的环境抗争案例比例不低，即有1/3的案例有专家参与，但专家实际发挥的作用有限。[①] 此外，即使专家做出科学、中立、公正的判断，但是政府如果不站在公众的角度，完全不考虑公众的利益需求，将专家的话语当作回应公众的重要手段，最终会导致公众对专家、政府的不信任。在环境群体抗争中，民间往往都盛传专家被政府"买通"等话语。[②]

① 吴满昌. 公众参与环境影响评价机制研究——对典型环境群体性事件的反思 [J]. 昆明理工大学学报（社会科学版），2013（4）：18-29.

② 章哲. 转型时期中国环境运动中的媒体角色研究 [D]. 上海：复旦大学，2012.

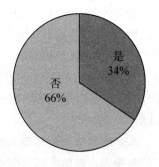

图 4.6　2003—2014 年影响较大的
中国环境群体性事件专家参与分布

4.2.3　NGO

在西方环境运动中，环境 NGO 一直作为政府和公众沟通的桥梁，不仅在环境保护中发挥重要作用，还在民间发起的抗争中扮演着至关重要的角色。一方面，环境 NGO 能很好地代表公众，向政府反映公众的诉求，当环境抗争发生时，能有效地组织公众进行合理合法的抗争。另一方面，环境 NGO 作为一个相对独立的行动体，可以向政府直接建言献策，甚至就环境问题进行游说。

然而在中国，由于特殊的国有和社会环境，环境 NGO 先天发展不足，并且发展时间较短，自身发生不够成熟，在经济和地位上对政府有高度的依赖性。因此，在环境事务的开展上，环境 NGO 谨言慎行，几乎不敢越界，避免与政府形成直接对立。NGO 开展的活动诉求一般比较温和，都是发起一些植树造林、爱护野生动物以及宣传环保法律法规等价值观驱动型的活动。对于自下而上发起的环境群体抗争行动，由于担心被处罚，大多数的环境 NGO 都会保持沉默。笔者收集的 150 起环境群体抗争案例显示，有环境 NGO 参与的案例仅占比 13%（见图

4.7），可见环境 NGO 的参与度比较低。一方面，环境 NGO 自身"软弱"的特点造成其在群体抗争事件中频频缺位。另一方面，在大部分公众的眼中，环境 NGO 是政府的"代言人"，公众对其缺乏足够的信任，很难将自己的环境诉求托付给环境 NGO，由其进行谈判。有时即使受损公众向环保 NGO 寻求帮助，大多数情况下也会被环境 NGO 被拒绝。

在为数不多的有环境 NGO 参与的环境抗争中，环境 NGO 的表现为我们带来了一丝曙光。例如，在安徽省蚌埠市仇岗村村民反对化工厂污染事件中，在村民与污染企业进行斗争的过程中，安徽省环境 NGO 组织"绿满江淮"积极介入，其一边进行实地考察，组织当地小学生写关于污染的作文，然后代表村民将关于抗议污染的作文转交给环保局；一边协助村民收集污染证据，联系媒体，扩大声势。在"绿满江淮"的帮助与支持下，环保抗争的领头人张某某先后多次到北京参加环保论坛，接触和结识了不少高官、学者、媒体人，后来村民利用这些资源进行有效维权，也作为与当地政府部门沟通时的参考资料。"绿满江淮"给予村民一系列的支持和帮助对村民维权行动的成功起到了关键性的作用。

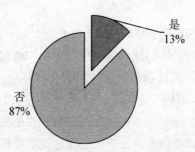

图 4.7　2003—2014 年影响较大的
中国环境群体性事件 NGO 参与分布

5 新媒体在环境群体抗争中的表现与作用机制

　　互联网的诞生令世界成为"地球村"，随着科技革新与经济的发展，互联网在中国呈高速发展之势。截至 2018 年 6 月 30 日，中国互联网的普及率已经达到 57.7%，网民规模达到 8.02 亿；手机网民规模达到 7.88 亿，网民中使用手机上网人群的占比达 98.3%。①互联网在中国的普及也给新媒体带来前所未有的发展机遇。麦克卢汉说："媒介即讯息。"媒介的变迁影响着人类的思维方式和社会的运转模式，新媒介的出现往往深刻影响着信息传播和社会活动的组织形式，因而受到人们的广泛关注。② 随着科学的发展和技术的进步与成熟，新兴的媒体平台不断涌现，从最初的电子邮件、BBS、博客以及 QQ、MSN 等即时通信工具、手机短信到现在的微博、微信，我们面临着一种空前多样的信息环境和传播格局。

　　在新技术的推动下，信息的传播结构和规则被改写，出现

---

　　① 中国互联网信息中心发布第 42 次《中国互联网络发展状况统计报告》（2018 年 8 月发布）。

　　② 熊文蕙. 网络与传统媒体的竞争——新世纪媒体的发展现状研究 [J]. 湖北成人教育学院学报，2001（6）：23-26.

传播更加平等、均匀以及大众化的特征，传播方式正从集中化、等级化朝着分散化、平行化发展。信息之间的交流与互动更加灵活和自由，传播者和接收者的身份随时转化，接收者可以主动地全程参与信息的采集、编辑、加工、发布、反馈的整个传播链条，并且不受时间、地点的限制。这在一定程度上突破了政府对传播渠道的绝对影响，更为重要的是打破了传统媒体的技术、专业、话语壁垒。具体而言，新媒体传播有以下突出特点：

第一，开放性。新媒体赋予参与者平等、开放的权利。信息依托互联网、移动通信，不受时空、地域的限制，可以在瞬间传播到世界各个角落。在各种对新媒体阐述的话语当中，笔者认为吴征对"开放性"的界定最清晰。他指出，相对于旧媒体，新媒体具有消解力量——消解传统媒体（报纸、广播、电视、通信）之间的边界，消解国与国、社群间、产业间的边界，消解信息发送者与接收者之间的边界，等等。

第二，即时性。新媒体实现了信息"零时间""零距离"的即时传播，特别是移动设备的出现，超越了地域、时间、电脑终端设备等现实，随时随地可以接收和发送消息。特别是在公共事件的传播中，新媒体具有"第一时间""第一现场"的标签。

第三，交互性。在信息传播的结构中，每个传播节点都可以是信息的发布者、传播者、接收者。信息传播已经突破了传统媒体时代的单向传播模式，可以同时进行反馈和逆向传播，受众享受了前所未有的参与度，本身成为媒体的一部分，并且信息由推送的单向流过程不断地变成双向交互式过程。笔者很赞同尼葛洛庞帝在《数字化生存》（Being Digital）一书中论述的"以前的'大众'媒介正演变为个人化的双向交流，信息不再被'推给'消费者，相反人们将所需的信息'拉出来'，并参与到创造信息的活动中"①的看法。

第四，多元化。在传统媒体时代，政府和传统的报纸、电视把控了传播渠道，决定了传播的内容。但是新媒体的出现打破这一局面，使得人人都可以成为传播主体，消息的来源、种类、内容都趋于丰富和多元化。

5.1 新媒体在不同时期环境群体抗争中的表现（2003—2014 年）

近年来，新媒体从最初的论坛、即时通信工具、博客到现在的微博、微信，不断推陈出新，几乎每一次新媒体的革新都会被迅速运用到环境群体抗争中。由于我国特殊的国情，新媒体在我国的地位尤其特殊，不仅仅发挥着媒介的作用，而且被赋予更多的角色和功能。新媒体使得越来越多的议题进入公共视野，只要参与者具备简单的上网技巧，每个人都可以参与到公共事务中，这为新媒体在环境群体抗争中发挥作用创造了基本条件。②2003 年可以说是媒体一个重要的分水岭。在此之后，新媒体成员日益扩大，信息流动异常活跃，网络舆论从边缘被推向主流，构成了全民公共表达空间。③中国的环境抗争也随着新媒体的发展呈现出四个发展阶段：2003—2005 年，电子邮件、网站等兴起，在环境群体抗争中初露锋芒；2006—2009 年，BBS、QQ、博客开始成为流行的公共媒体平台，在抗争动员过

①　尼葛洛庞帝.数字化生存［M］.胡泳，范海燕，译.海口：海南出版社，1997.

②　哈贝马斯.公共领域的结构转型［M］.曹卫东，刘北城，译.上海：学林出版社，1999：187-205.

③　尹明.网络舆论与社会舆论的互动形式［J］.青年记者，2009（1）：26.

程中卓有成效；2010—2012 年，微博大放异彩，直接推动抗争的发生、发展；2013—2014 年，微信"去中心化"传播直接导致抗争的爆发。以下将从四个阶段分别梳理新媒体在不同时期环境群体抗争中的表现。

5.1.1 第一阶段（2003—2005 年）

这一阶段，在环境群体抗争中，传统媒体占据了主导地位，抢占了大部分的话语权，以门户网站、电子邮件为代表的网络1.0（Web 1.0）时代的新媒体势力虽然比较薄弱，但人们初步运用新媒体，新媒体开始发挥重要作用。

门户网站是诞生较早也是形态最为成熟的新媒体之一，基本采用的是技术创新的主导模式，同时强调内容为主，以巨大的点击流量为盈利点。各大门户网站吸收和运用新的技术，主要运行模式是引用和转载报纸、电视等传统媒体的报道，并对其进行补充和扩展式的传播与讨论，遇到重大事件常常设置专题，进行全面、综合、深度的报道，有效提升传播能力，丰富传播内容，便于公众全面了解信息。另外各大门户网站流行设置留言板或讨论版，参与者在单向浏览网页的同时可以参与到事件的讨论中，发表观点，交流思想。

另外一种非常重要的信息载体——电子邮件，至今仍十分活跃，在某种程度上已经取代了纸质的信件。电子邮件在出现之初作为一种新的社交形态，创新了网络的虚拟空间，并且实现了信息源之间点对点接触连接和信息传输，从而促进了不同群组和个体之间的信息交流和发布，具有传播范围广的特点，可以在同一时间向成千上万的用户传递消息。但是，以电子邮件构建的信息传播主要表现为双向交流，因此电子邮件无法呈现社群需要的多方互动，信息传播还只停留在通信方法的提升和进步上。

除此之外，人们开始使用论坛（BBS）平台进行交流，这是新媒体技术构建社会生活的一次历史性飞跃，它提供公共电子白板，每个用户都可以在各自喜欢的公告栏上"书写"，可以获得各种信息服务并可以随时自由地表达观点、发泄情感、传递信息、讨论、聊天。这样人们在论坛上形成了不同的讨论组，每个讨论组都有着自己的兴趣爱好和相同的关注点，并且这些讨论群组不断演变成长，成了数量众多、无所不包的交流群体。这些形态各异的新媒体在环境抗争中开始发挥动员、号召的作用。

这一时期，新兴的媒体平台纷纷出现，由于普及度并不广泛，传统媒体仍然在环境群体抗争中扮演着主要角色，是信息传播和引导舆论的主要力量。但是留言板、邮件、论坛的逐渐兴盛与发展为公众开辟了讨论的空间，间接推动舆论的形成和发展。其中，环境NGO对新媒体的推广作用不可小觑，其积极介入和活跃在各大环境群体抗争中，成为推动事件发展的重要力量。2003年，怒江水电开发事件开启民间环境群体抗争的先锋①，随后在北京动物园搬迁、圆明园防渗膜事件等一系列的环境群体抗争事件中，新媒体开始在主流媒体的绝对控制下崭露头角。以下对Web1.0时代的新媒体"初登舞台"——圆明园防渗膜事件进行详细解读。

2005年3月21日，去北京出差的甘肃学者张正春到北京圆明园参观，他惊讶地发现园内所有的湖水几乎都被排干，湖底和河道正在大规模铺设防渗塑料膜，这将破坏弥足珍贵的圆明园文化遗产，同时也会带来无法逆转的生态危害。于是张正春向《北京晚报》《北京晨报》《中国青年报》《南方周末》《经

---

① 童志锋. 互联网社会媒体与中国民间环境运动的发展 [J]. 社会学评论，2013（4）：52-62.

济观察家》《人民日报》等多家媒体反映情况，希望引起重视。2005年3月28日，《人民日报》和人民网刊发了题为《圆明园湖底正在铺设防渗膜：保护还是破坏？有专家认为将引发生态灾难，后果不堪设想》的报道和张正春撰写的文章《救救圆明园！》。随后，多家传统媒体纷纷跟进转载，对此事件进行大篇幅报道，圆明园防渗工程事件便一发不可收拾，在全国范围内引起了巨大的社会反响。

如此大范围的报道及网络上激烈的议论引起了政府的重视，相关部门开始介入。经调查发现，该工程并未得到审批。于是在2005年4月1日，国家环保总局下令禁止该工程建设，认为防渗工程违反了《中华人民共和国环境影响评价法》，需要停止施工。紧接着两周之后，国家环保总局举办该工程的环境影响听证会，参与者共73人，包括有关单位代表、相关专家、热心人士等。2005年5月19日，清华大学的环评机构在环评机构的选择风波中接手环评工作。2005年7月5日，国家环保总局官方网站做出了较为权威的环评报告，报告认为该工程不仅不合法，而且对圆明园的生态环境有着严重的破坏，于是勒令整改。直到2005年9月中旬，整改工程全部完成，北京市环保局验收合格，事情到此告一段落。

在这段时间内，传统媒体凭借其权威、公信力占主导权，作为"信息源"的提供者。最开始，事件的披露者张正春在发现问题后，迅速地向有关媒体叙述了自己的观点和看法，将此事诉诸报端，因此公众才了解该事件的概况，甚至政府部门也是通过传统媒体才知道该消息。原国家环保总局局长潘岳说："经过了媒体的透漏，国家才知道这个事情，并且及时采取了应该采取的措施。"可以看出传统媒体在信源的控制和议题的建设中发挥了重要作用。如果没有媒体大规模的报道，就不会引发社会的热议，不会形成强大的舆论压力，进而不会给政府带来解决问题的动力。此外，传统媒体不遗余力地报道并且坚持到最后，或者报道事件的进展，或者刊发评论，力求全面呈现事实。对于一系列有争议的问题，如在关于是否铺设防渗膜的问题上，媒体不仅报道专家与公众的否定态度，也让持不同态度和意见的少数专家与有关部门的声音得到倾听，并且让部分专家与之相异的观点得到报道。①

　　总体说来，报纸等传统媒体占主导地位，第一时间的披露和刊发吸引了公共视线，从而能自下而上地形成了有效的公共舆论，在圆明园防渗膜事件中起到了功不可没的作用。这一阶段，门户网站、论坛、电子邮件等已经开始得到初步应用。最初张正春是以电子邮件的形式告知《人民日报》，在传统媒体大量报道后，传统媒体的内容在新浪、搜狐、网易等门户网站得到广泛传播。新浪网开通了"圆明园湖底防渗工程惹争议"专题②，人民网开通了"聚焦圆明园防渗工程"专题③，包括网民声音、传统媒体报道、专家声音、民意调查等栏目，公众可以在这些栏目交流意见和看法，扩大了公众的参与度和关注度。

　　值得一提的是，率先报道圆明园湖底防渗项目的《人民日报》记者赵永新在人民网开辟的专栏节目中，撰写了几篇关于工程进展和评论的文章，推动了事件的发展。此外，在网络上以"科学主义"自居，以"反环保"著称的"荒川""水博"等人通过新媒体的社交平台不遗余力地进行宣传和动员，而且

　　① 吴麟．论新闻媒体与公共领域的构建——以"圆明园事件"报道为例 [J]．山东视听（山东省广播电视学校学报），2006（1）：15-18．

　　② 新浪网专题．圆明园湖底防渗工程引争议 [EB/OL]．（2005-04-14）[2017-07-30]．http://tech.sina.com.cn/focus/yuanmingyuan/index.shtml．

　　③ 人民网论坛．聚焦圆明园工程 [EB/OL]．（2005-07-07）[2017-07-30]．http://env.people.com.cn/GB/8220/45856/index.htmlGB/8220/45856/index.html．

借助于网络名人言辞的犀利，其发表的有关观点也得到了不少网友的认同，并一度在舆论方面占据上风。^① 环保组织及环保志愿者的作用不可忽视。在这起事件中，著名的"自然之友""地球村"等 NGO 通过其独立网站及时公布和更新相关信息，使得公众能够及时地了解事件的动态和进展。杨国斌教授指出："网站型的环境保护组织在环境问题的解决方面主要发挥如下的功能：提升人们的环境意识、动员公众以及推动政治变迁。"^② 环境 NGO 的公共邮箱定期向公众发布有关信息，并且联系媒体、知识分子、专家、公众及其他平台。在"自然之友"等环保民间组织的号召下，国家环保总局如期举行听证会。

5.1.2　第二阶段（2006—2009 年）

2006 年，随着通信技术的不断发展和延伸，网络 2.0（Web 2.0）时代到来。博客、即时通信工具、虚拟社区进驻互联网，中国的舆论信息传播平台上升到了一个新的台阶。统计表明，2007 年中国各大门户网站几乎都开通了 BBS 论坛，使中国的 BBS 论坛数量达到 130 万个，规模为全球第一。^③ 网络论坛的开通提供了一个十分广阔的交流空间，上面活跃着网友的各种想法和观点。另外，新闻后面跟帖功能的设置使得公众能够随手发表自己的看法，这也使得公众之间有了很好的交流的空间。

即时通信工具带来了社会交往的革新，其能同时允许两人

---

①　童志峰.互联网、社会媒体与中国民间环境运动的发展（2003—2012）[J].社会学评论，2013（4）：52-62.

②　YANG GUOBIN, Weaving a Green Web: The Internet and Environmental Activism in China [J]. China Environment, 2003 (6): 89-93.

③　祝华新，单学刚，胡江春.2008 年中国互联网舆情分析报告 [M] //汝信，陆学艺，李培林.2009 年中国社会形势分析与预测.北京：社会科学文献出版社，2008.

或多人使用互联网传递消息、文件、语音与视频。根据中国互联网络信息中心的调查，2007 年第三季度，即时通信活跃账户达到 3.88 亿个，成为世界之最。其中，腾讯公司出品的 QQ 是具有中国特色的即时通信工具，模拟熟人之间的现实生活聊天，由于 QQ 的私密性较少受到外界的干涉和控制，因此在中国受到普遍的欢迎，成为当时中国年轻人交流沟通的主要工具。

博客在这一时期日渐壮大，开启了自媒体的时代，是虚拟空间发展的新阶段。公众可以利用博客发表篇幅比较长的观点，并且与阅读、转发、评论该博文的读者进行思想交流，形成一个相对独立、互动及自由的言论空间，把最初使用新媒体作为简单的话语宣泄场所的公众变为理性话语传播者，形成一种强大的舆论力量。特别是一些博主由于其深邃的洞察力和犀利的语言拥有了大量的粉丝，其言论往往能达到一呼百应的效果。中国互联网络信息中心的统计数据显示，2007 年年底，中国网民注册的博客空间为 7 283 万个，博客作者规模达到 4 700 万人。

移动通信和互联网技术的完美结合给日常的手机功能带来了质的飞越，使之不再只是一部电话，网络交流的便利性赋予了手机"第五媒体"的重任，开辟了人际传播的新模式。正如中国人民大学匡文波教授所言："手机媒体的短信传播自身就具有信息的流动和控制无中介，传受双方在接受信息时通常是平等参与，时间安排并无计划，通常由参与者共同决定。"① 截至2006 年年底，中国已经拥有 4.67 亿的手机用户。② 到 2008 年以后，中国手机网民数量有 7 305 万人之多③，手机媒体在社会生

---

① 匡文波. 手机媒体概论［M］. 北京：中国人民大学出版社，2006：41.

② 刘晓雯. 无线广告的金矿有多大［J］. 投资北京，2006（11）：44-45.

③ 中国互联网络信息中心（CNNIC）. 第 22 次中国互联网络发展状况调查统计报告［EB/OL］.（2008-07-19）［2017-07-30］. https://www.cnnic.net.cn/hlwfzyj/hlwxzbg/hlwtjbg/201206/t20120612_26713. html.

活中的影响力渐露端倪。

新媒体的蓬勃发展给中国环境抗争带来了新的面貌，新媒体正在逐渐渗透公众生活，改变既有的传播环境与途径。这一阶段，传统媒体在环境抗争中的主导地位开始被撼动，新媒体开始大展拳脚，话语权迅速增加，舆论力量正在增强，并能很好地影响传统媒体的议程设置。新媒体的发展使得大众迅速崛起，成为环境群体抗争的传播主体，环境 NGO 表现得不像以前积极活跃，奉行不参与的政策。在厦门反对 PX 项目事件、上海磁悬浮"散步"事件、北京六里屯垃圾焚烧抗议事件等一系列环境抗争中可以发现，博客、QQ、短信、论坛等新媒体在环境抗争事件产生、发展、高潮中扮演了传播、动员的重要作用，并且同时和传统媒体保持着良好的互动。其中，以厦门反对 PX 项目事件最为典型，新媒体成为民意大获全胜的代表。以下对 QQ 群、博客与传统媒体互动——厦门反对 PX 项目事件进行详细解读。

2007 年 3 月，在全国政协会议期间，中科院院士赵玉芬与参会的 105 名代表联名签署了"关于厦门海沧 PX 项目迁址建议的议案"，并且呼吁厦门 PX 项目停工搬迁，由此成为厦门反对 PX 项目事件的开端。国家环保总局在听取了议案后，表示同情和理解，但在"迁址"问题上没有解决的权力。2007 年 5 月 1 日前，国家发改委的相关领导到厦门实地调研，表示项目不会停建或迁址，并且需要日夜赶工。随着 PX 项目工程的推进，更多的消息通过媒体披露，引发厦门市民的广泛关注，并在网络上进行抗议。

国内各大传统媒体，如《南方周末》《人民日报》《中国新闻周刊》以及中央电视台等从各个角度对 PX 项目追踪报道，国外媒体如《华盛顿邮报》《纽约时报》等知名媒体也高度关注此事。这些报道又作为深度消息源被各大网络媒体大量转载。

网络上关于 PX 项目的舆论持续发酵，"反对 PX 项目"的消息通过手机短信、QQ 群、论坛在厦门市民中间反复传播，并开始向全国蔓延，引起全国网民的关注和支持。

厦门市政府为应对舆论，2007 年 5 月 28 日通过《厦门晚报》表达 PX 项目的合法性。2007 年 5 月 30 日，厦门市举行新闻发布会，宣布缓建海沧 PX 项目，但在发布会上并未给出具体的缓建时间，没有让公众消除疑虑。于是，2007 年 6 月 1 日，厦门市发生"散步"活动，公众手举横幅与标语，手带黄丝巾在厦门市游行。2007 年 6 月 4 日，在国务院新闻发布会上，国家发改委表示，厦门市已经暂停该项目。2007 年 11 月，国家环保总局对厦门市海沧 PX 项目进行环评的结果出炉，并没有给出搬迁建议，只是指出化工厂与生活区不协调。2007 年 12 月 8 日，厦门市开通关于海沧 PX 项目环评报告的投票平台，有 5.5 万张反对票，仅有 3 000 票表示支持。2007 年 12 月 14 日，厦门市政府召开两次市民座谈会，反对的声音依然占据主流。2008 年 2 月，厦门市政府正式宣布取消 PX 项目。

在整个过程中，当传统媒体一度几近失语，以 QQ 群、社区论坛、博客、手机媒体为代表的新媒体在事件中发挥了其舆论平台的作用，使得民意的呼声有了新的公开表达的渠道。值得一提的是，厦门反对 PX 项目事件的处理过程中，新媒体与传统媒体报道互为补充，民意和舆论相得益彰，对抗争的进程和走向起到了决定性作用。

早在 2006 年，PX 项目建设地址区域污染就比较严重，PX 项目附近的小区"未来海岸"的业主就开始为"酸臭味和污水"奔波。2006 年 5 月，在业主积极分子的网络动议下，业主们组织了第一次业主 QQ 群聚会，业主们首次见面，谈共同遭遇以及个人对污染治理的初步想法。① 一些业主以"未来海岸"业主代表的身份陆续给厦门市政府、国家环保总局、国家发改委等寄去投诉信，同时希望本地媒体和外地媒体能曝光此事。由于没有得到传统媒体和地方政府的关注，他们只能转战求助互联网，开始在厦门市的各个论坛上发帖，厦门本地论坛"小鱼社区"是业主们最大的阵地。在"议案"曝光后，"未来海岸"业主QQ群以未来海岸全体业主的名义寄信给相关专家，同时加快了该事件在各大论坛传播的速度。

值得一提的是，手机媒体在厦门反对PX项目事件中扮演了难以置信的角色。在政府未能对项目做出合法性解释的情况下，"第五媒体"就发挥其优势。例如，在事件发生之初，手机媒体之间的短信传播使得关于PX项目的信息在上百万厦门市民之间传播开来。由于手机媒体依赖的是人际传播，短信以几何数级的速度传播，快速形成和聚合舆论，成为号召成千上万厦门市民进行抗议的重要动员手段。

5.1.3 第三阶段（2010—2012年）

时至2010年，微博，这个新兴媒体一经问世，便呈现出爆炸式的发展态势，使得网络舆论的广度和热度都往前迈了巨大的一步，因此2010年被称为微博元年。借助中国互联网络信息中心的统计数据，我们可以看出，2011年的微博延续强劲增长的势头，用户数量从2010年年底的6 311万剧增至2011年6月底的1.95亿，成为用户增长最快的互联网应用模式。2012年12月底，微博用户规模为3.09亿，较2011年年底增长了5 873万，网民中的微博用户比例达到54.7%。手机微博用户规模为

---

① 曾繁旭，蒋志高. 厦门市民与PX的PK战 [EB/OL]. （2007-12-08）[2017-07-30]. http://news.sina.com.cn/c/2007-12-28/173414624557. shtml.

2.02亿，占所有微博用户的65.6%，接近总体人数的2/3。^① 随着移动互联时代的到来，以微博为代表的新媒体越发成熟，社会不仅进入全媒体时代，也进入"大众麦克风"时代，人人都有一个麦克风，都有公开发表言论的权利，公众的话语权达到空前的普及。

这一阶段，环境群体抗争获得了前所未有的关注。这段时间发生的环境群体抗争事件引起了舆论的广泛关注，传统媒体在这一阶段失去了往日的主导地位，在传播过程中议程设置能力被大大削弱。新媒体以微博为首，联合QQ群、社区论坛等新媒体在环境抗争中得到全方位的应用，实现即时信息的发布与获取，尤其是微博和论坛社区表现异常突出，突破了传统媒体的重重封锁，直接推动和决定环境抗争的发展。以微博"大V"为代表的意见领袖发挥了巨大作用，他们中的一些人是社会各界精英，如社会名人、娱乐明星、知名媒体人、企业总裁，普遍拥有上万乃至上百万的粉丝，在网民中具有强大的影响力和号召力，公共事件一旦得到他们的关注和转发，就会迅速演变成全国瞩目的舆论事件。由于微博、社区论坛的使用者大多为年轻人，因此参与环境抗争的行动者也呈现出年轻化的趋势。下面以微博打破封锁，引领舆论——四川什邡反对钼铜项目事件为例加以分析。

四川什邡为振兴经济，原计划在什邡打造世界上最大的冶炼厂。2012年3月，环保部批复宏达集团提交的环评报告。当地居民从网站上得知此消息，开始担忧项目的危害，一篇发表在QQ空间的名为《什邡，不久的将来或是全球最大的癌症县》

---

① 中国互联网络信息中心（CNNIC）. 第31次中国互联网络发展状况统计报告［EB/OL］.（2014－03－05）［2017－07－30］. https://www.cnnic.net.cn/hlwfzyj/hlwxzbg/hlwtjbg/201403/t20140305_46239.htm.

的日志被转载 4 500 多次，这一时期相关消息还没有大范围地传播。2012 年 6 月 29 日，四川宏达钼铜项目在什邡举行开工典礼，全国政协、工商联以及四川省领导出席了开工仪式，工厂建设拉开序幕。当地居民纷纷通过上访申诉、互联网发帖等方式表达对该项目的不满。2012 年 6 月 30 日，十几名市民到市委楼前上访，后被劝离。2012 年 7 月 1 日，几百名市民聚集在宏达广场和市委门口示威，拉横幅、喊口号，要求停建该项目。2012 年 7 月 2 日，有市民到市委、市政府门口示威，少数市民因情绪激动强行进入市委大厅，进行打砸，甚至与武警发生冲突。随后，什邡市政府表示为确保社会稳定，责成企业即日起停止施工，组织听取广大市民意见和建议。2012 年 7 月 3 日，宏达集团坚持认为钼铜冶炼项目属于国家产业鼓励类项目，技术水平一流且通过了国家技术评估。2012 年 7 月 4 日，公安机关对冲突中涉嫌违法犯罪人员采取拘留、批评教育等措施，并表示"什邡今后不再建设这个项目"①。

在什邡反对钼铜项目事件发展过程中，新媒体以微博为首，联合 QQ、人人网、天涯社区、本地论坛、百度贴吧等打造出了多层次、立体化的传播和动员平台。较之以往的电视、报纸等传统媒体，公众"再也不用完全依赖占主导地位的传统媒介来构建身份或表达不满"②。新媒体的角色和作用贯穿整个什邡反对钼铜项目事件的始末。

2012 年 7 月 1 日，就在什邡市民聚集在广场、市政府大楼前要求停建项目之时，新浪微博上就有关于该消息的帖子："四川省什邡市鱼江村要建钼铜厂，污染远超地震中的福岛核电站，

---

① 新华舆情. 四川什邡事件舆情分析 [N/OL]. (2013-10-23) [2017-07-30]. http://news.xinhuanet.com/yuqing/2013-10/23/c_125585811_2.htm

② 安德鲁·查德威克. 互联网政治学：国家、公民与新传播技术 [M]. 任孟山，译. 北京：华夏出版社，2010：117.

60平方千米内严重污染，范围可覆盖成都市区。领导贪污受贿，钼铜厂旁居民一人两万元封口费。五年后什邡会成全国最大的癌症县。求关注什邡钼铜厂危机，求好人帮助什邡。"① 由于微博的内容涉及"受贿""封口费""最大癌症县"等极具煽动性和敏感性的词语，加之钼铜项目属于地震灾区重建的重头项目，网友对资金流动、贪污腐败等话题异常关心，在短时间内被大量转载和评论，瞬间引爆舆论。

2012年7月2日，有人通过新浪微博"现场直播"市民打砸行为以及警民冲突的场面，引来无数人围观，全国人民通过微博第一时间知道什邡发生的事情。微博在舆论上先发制人，随后有关什邡的各种消息、现场图片甚至是视频从微博中扩散到其他网络平台，如人人网、米聊、天涯论坛、凯迪论坛等，使得虚拟空间出现舆论共振、人声鼎沸的情况，共同推动事件走向高潮。

此时，微博意见领袖也加入了关注的队伍，并发挥了不可估量的作用。著名作家韩寒接连发表两篇微博《已来的主人翁》《什邡的释放》，分别被粉丝转发30万条、18万条。知名评论人李承鹏亲自到什邡调查，并发了博文《一次路西法效应实验——什邡小调查》，该博文被广泛转载和评论，有高达25万次转载量。与李承鹏同赴什邡的名为"宋祖法言"的网友，在微博上直播在什邡的所见所闻，推动舆论持续走高。虽然后来微博屏蔽韩寒和李承鹏的发言，但通过网友截图、收藏等依然产生了巨大的影响力。与此同时，其他意见领袖如于建嵘、胡锡进等也纷纷发表微博声援什邡反对钼铜项目事件。这些意见领袖在微博上都拥有几十万甚至几百万的粉丝，具有强大的号召

---

① 左鹏.基于社交网络的舆论成长与引导研究——以什邡事件为例 [J].北京科技大学学报（社会科学版），2013（3）：46-50.

力和动员能力。通过这些意见领袖的转发和传播，网络舆论的范围不断扩大，舆情迅速发酵，使得什邡反对钼铜项目事件从区域性事件扩展到全国关注的公共事件。

初期，以微博为代表的新媒体占据了舆论的制高点，而以往具有较大话语权的传统媒体却因各种原因处于失声状态，传统媒体对议程的操控能力空前弱化。2012 年 7 月 2 日传统媒体才有相关消息的报道，都是关于消息事实性的陈述，到后期才对事件开展进一步的追踪和深挖，从各个角度进行深度报道。

5.1.4　第四阶段（2013—2014 年）

在中国，2013 年又是一个互联网舆论"大破"之年①，为了整治和净化互联网环境，国家出台了《关于办理利用信息网络实施诽谤等刑事案件适用法律若干问题的解释》，对在微博散布谣言、诽谤他人的言行采取打击行动，从"薛蛮子事件"到"秦火火""立二拆四"等网络推手被捕获刑，决策层对微博上的失范"大 V"进行了有步骤的清理②，这在一定程度上造成新浪微博活跃度下降，一部分微博用户开始转向微信。这为微信提供了发展机遇，此时又一个新媒体信息载体和舆论平台登上了舞台。

从中国互联网络信息中心的统计数据中可以得知，在 2013 年 1 月底，全国的微信用户数量已经达到 3 亿，一年以后，活

---

① 李未柠. 2014 中国网络舆论生态环境分析报告［EB/OL］.（2014-12-25）［2017 - 07 - 30］. http://news. xinhuanet. com/newmedia/2014 - 12/25/c_1113781011. htm.

② 李未柠. 2014 中国网络舆论生态环境分析报告［EB/OL］.（2014-12-25）［2017 - 07 - 30］. http://news. xinhuanet. com/newmedia/2014 - 12/25/c_1113781011. htm.

跃的用户较 2013 年增长了 46% 之多，达到 4.38 亿。① 从数量上可以清晰地看出，微信已经成为当下中国最重要的新媒体平台。微信的迅速崛起改变了传播的生态系统，以往以微博"大 V"为关注中心的广场效应渐渐式微，取而代之的是更加草根化、平民化、私人化、自主化传播的"自媒体人"，传播开始向"去中心化"的方向发展。微信使用的年龄结构较微博更加"全覆盖"，传播带有"一人一票、人人平等"的浓厚色彩，普通的个人在舆论场上扮演了重要角色。这种新的传播形态也给中国环境抗争带来了深刻的变化，新兴媒体的出现与应用给中国环境抗争打开了新的局面。这个阶段的中国环境抗争呈现以下新的特点：

首先，动员能力更强。微信的传播对象，即好友主要源于手机通信录、QQ 好友，大部分是现实生活中的熟人，辅以少量的陌生人账号，有利于提高微信内容的可信度和真实性。微信自诞生之日起就具有"即时化、社交化"的特征，注重人与人之间的交流与对话。在抗争动员上，微信好友们可以通过微信将消息迅速、准确地传递给各位好友，并能得到及时的反馈，形成人际的"强关系"，提升社会沟通的效率。更为重要的是，由于微信好友大多是现实中的好友或熟人，来自同一个地方或区域的可能性增加，在面对周遭共同的环境问题时，容易激起共鸣，形成一呼百应之势。

其次，进入全媒体传播时代，各类新媒体齐头并进，一旦发生环境群体性事件，各个平台都会积极介入，包括论坛、贴吧、QQ 群、QQ 空间、微博、微信等。如果某类新媒体遇到因

---

① 廖丰. 微信用户数量大增——腾讯盈利 122 亿同比增 58%［EB/OL］.（2014-08-15）［2017-07-30］. http://media.people.com.cn/n/2014/0815/c40606-25470311.html.

敏感而删帖、屏蔽的情况，公众也会想方设法突破封锁，甚至利用国外的新媒体，如推特（Twitter）、优兔（Youtube）、脸书（Facebook）等来传递信息。

最后，官方舆论与民间舆论形成对立之势。在环境问题引发危机时，一些地方政府出于维稳目的，一般会尽量封闭消息，禁止媒体报道。这样造成巨大的信息空白，反而给新媒体的传播打开了一扇方便之门，各种观点、言论汇集在各大新媒体平台，经过反复多次的碰撞、扬弃、融合，形成相对统一、独立的舆论。这时，以主流媒体为代表的官方舆论，因为没有及时介入而失去先机，后来虽然大规模地报道，但迟到的"正能量"遭到民间舆论的反向解读，主流媒体支持、赞成的，民间舆论就会排斥、反对，形成舆论对峙。下面以微信闪亮登场，"去中心化"传播——广东茂名反对 PX 项目为例进行分析。

广东茂名被誉为"南方油城"，对 PX 项目规划多年。2012年 10 月，茂名 PX 项目已获得国家发改委同意，由茂名市政府及茂名石化公司承建。2014 年 2 月，鉴于之前全国各地接连因建设 PX 项目而发生群体性事件，茂名市政府也意识到当地 PX 项目可能会引发抗议，在一次本地媒体及广东媒体新春座谈会后，政府工作人员就与与会的媒体探讨咨询了如何利用舆论导向解决潜在的群体抗议行为。同月，茂名市政府相关领导率队奔赴江西九江考察，九江的 PX 项目也曾引发过公众争议，但经过政府疏导后没有出现大规模抗议，因此茂名市政府前去学习经验。[①]

与此同时，为使项目进展顺利，茂名市政府也开始积极地开启了一场密集的宣传科普工作。2012 年 2 月 27 日，《茂名日

---

① 观察者. 广东茂名回应市民反 PX 项目示威游行 [EB/OL]. (2014-03-31)[2017-07-30]. http://www.guancha.cn/society/2014_03_31_218175.shtml.

报》刊发文章介绍了 PX 项目绿色环保、安全管理等优点。① 接着，茂名市政府召开媒体闭门会议，连续发表《PX 项目的真相》《揭开 PX 的神秘面纱》等一系列科普文章，密集的宣传让 PX 项目家喻户晓，然而也增长了公众内心疑惑与不安的因素。

随后，从九江考察归来的政府官员带回来一项经验，即要求大家"签订承诺书"。于是茂名市石化公司工作人员、教育系统工作人员以及一些学校的学生均被要求签署"支持芳烃项目承诺书"。有人接受采访称，"承诺书存在如若不签署会对高考、升迁不利等隐性强制内容"②。茂名市政府的一名官员认为这是"此地无银三百两""我不了解 PX，被强迫签字后，就更不相信宣传材料了"。③

2012 年 3 月中旬起，当地论坛及贴吧陆续出现有关茂名建设 PX、提议抗议的消息。政府宣传部门为惩戒网民，开始对发表过激言论的网民进行身份核查。

2012 年 3 月 27 日晚上 7 点半，茂名官方在市迎宾楼组织当地活跃且有影响力的网友召开 PX 项目推广会。本打算以"内定"方式邀请 50 名左右活跃、知名的网友参会，最终"消息走漏"，与会者近 250 人。与会官员的强硬态度和沟通不畅造成推广会出现失控，使得茂名市政府错失一次与市民交流的机会。最为关键的是与会者都是活跃网友，在互联网上具有影响力，精通网络传播方式，推广会非但没有给他们释疑，反倒给他们

① 东方早报. 茂名 PX 风波始末：宣传战挡不住恐慌的脚步 [EB/OL]. (2014－04－01). [2017－07－30]. http://news. e23. cn/content/2014－04－01/2014040100297_2. html.

② 刘建华. 暗潮汹涌：广东茂名 PX 事件调查 [EB/OL]. (2014－06－12) [2017－07－30]. http://xkzz. chinaxiaokang. com/xkzz3/1. asp? id＝7011.

③ 新京报. 茂名 PX 事件前 31 天还原：政府宣传存瑕疵激化矛盾 [EB/OL]. (2014－04－05) [2017－07－30]. http://money. 163. com/14/0405/07/9P25E6F700253B0H_all. html.

带来相互交流、认识的机会，于是他们交换了联系方式，这为后来的抗议活动创造了一个重要的条件。

2012年3月28日，有关茂名近期举行抗议PX项目行动的微信消息在朋友圈大规模传播，不少市民都通过微信获知此消息，信息中含有确切的时间和地点。2012年3月30日早上8点左右，约100人聚集在茂名市委大院门口，他们拉着"PX滚出茂名"的横幅。随着呼声逐渐高了起来，加入抗议的市民越来越多，到晚上抗议规模达到高峰，各种标语出现："牺牲环境换来的经济发展，我们不要！""如果在这里活不下去，我们就去火星！"情绪激动的市民拦截车辆，造成公路严重堵塞，还出现了打砸行为，个别极端人员甚至与警察发生了冲突。2012年4月1日至4月3日，每晚仍有抗议者聚集在市委、市政府门口。2012年4月3日，茂名市政府召开新闻发布会，表示只有在官民达成共识的情况下，才会启动PX项目。2012年4月23日，茂名市政府通告对抗议中的滋事份子的处理情况。

以微信为代表的新媒体在茂名反对PX项目事件中发挥了重要的动员作用。在抗议爆发前3天，不少茂名市民通过微信朋友圈获知举行抗议活动的具体时间、地点，这对于以"地缘"结成的城市集体抗争来说，微信的信息传播能力大大彰显了。一时间，抗议的消息通过朋友圈的好友功能，一传十，十传百，很快传遍整个茂名市。微博虽式微，但也同样发挥作用，茂名反对PX项目事件曾一度进入微博热搜，博客、论坛也有大量转载、评论关于该事件的帖子，最终出现"传统媒体失声，新媒体热炒"的舆论态势。

后来，茂名市政府采取大量删帖行动，强制封锁消息，关于"茂名""审查"等词在新浪微博等新媒体中迅速被屏蔽，导致论坛、博客、微博的舆情量几乎为零，只有微信从官方互联网监视中"脱颖而出"，成为相对自由的信息交流与沟通的渠道。微信的信息分享基于熟人圈，虽然不像微博有"广场喇叭"的作用，限制了其发行量的范围，但点对点、私密性、及时性的传播模式能够在公众中迅速传播开来。茂名市民通过微信直播抗议现场，上传大量图片、视频，成为外界了解茂名反对 PX 项目事件的重要渠道。同时，茂名市民为了突破政府封锁，还积极运用海外自媒体，通过脸书（Facebook）、推特（Twitter）等新媒体，积极发布和转发关于茂名反对 PX 项目事件的相关消息。

此外，在茂名反对 PX 项目事件发生之初，传统媒体习惯性缺席，唯有以《茂名日报》为代表的当地主流媒体作为政府的喉舌频繁发声，为地方政府"背书"，并没有把 PX 项目的常识科普到位，反而播下了危机的火种。群体性事件发生后，中央电视台、新华社、《新京报》《人民日报》等传统媒体开始密集报道，但早已失去舆论制高点的官方舆论遭遇公众的逆向解读：主流媒体集体认同 PX 项目是低毒，但是网络舆论却坚持认为 PX 项目有高度危害性。

5.2 新媒体在环境群体抗争中的角色与作用

2003—2014 年，互联网技术日新月异，新媒体不断推陈出新，每一次新兴媒体的产生与革新都会给中国环境抗争带来新的面貌和发展机遇。2003—2006 年，在中国环境群体抗争中，传统媒体占据了主导地位，但以门户网站、电子邮件为代表的网络 1.0 时代的新媒体崭露头角，得到初步应用。

2007—2009 年，互联网进入以博客、社区论坛、即时通信工具为主导的网络 2.0 时代，新媒体发展十分迅速，改变了既有的传播环境与途径。传统媒体的地位开始被撼动，新媒体在环境群体抗争中的话语权增加，网络舆论能力增强。

2010—2012年，新媒体发展日渐成熟，微博、社区论坛、QQ等在环境抗争中得到全方位的应用，尤其是微博的异军突起，突破了传统媒体对消息的各种限制与封锁，改变了长期以来官方舆论控制信息源与舆论场的格局，并且与其他新媒体形成了网络互动与共振，微博上意见领袖与普通网民共同推动和决定环境抗争的发展。

2013—2014年，各家新媒体在环境抗争中百花齐放，微信的迅速崛起改变了传播生态系统，以微博"大V"为关注中心的广场效应渐渐式微，取而代之的是更加草根化、平民化、私人化、自主化传播的"自媒体人"，形成人际的"强关系"，在面对周遭共同的环境问题时，容易激起共鸣，形成一呼百应之势。

2006年，美国学者凯利·加勒特（Kelly Garrett）通过整理文献发现，新媒体对社会运动有三个方面的影响：作为政治机会结构，作为动员结构，作为框架过程。无论是在哪个阶段，新媒体在环境抗争中的作用非常显著，总结起来可以归为三大作用：作为动员的手段，作为政治机会结构，作为框架结构。

5.2.1 作为动员的手段

新媒体凭借其技术优势和传播特征为群体动员提供了重要的平台，与以前人际传播时代、传统媒体传播时代发生的环境群体抗争相比，无论是在传播速度、传播范围或是传播质量上都有明显的进步。这主要体现在以下三个方面：

首先，新媒体具有快速、方便、低成本、低风险、匿名、全球化等特点，这大大降低了信息发布和信息获取的成本①，有效地提高了大众沟通的速度与效果。特别是在智能手机普及的年代，信息发布者只需要通过手机就可以随时把环境抗争的相关消息以文字、图片、视频的方式上传到微博、微信，甚至同步直播，成为第一现场的记录者。信息的接收者同样可以通过手机查阅消息，并且一键转发、评论，信息发布者和接收者相互交流、互动，在短短的几秒钟内就可以将舆论扩散出去。以微博为代表的"弱关系"新媒体，其裂变式传播结构加上微博意见领袖的推波助澜，能够迅速汇集舆论，形成大量的关注度和影响力，不断吸引新的参与者加入动员行动中来。以微信为代表的"强关系"新媒体，将现实中的家人、亲戚、朋友、邻里等人际网络移植到互联网中，网络的社会关系与现实的社会关系的重叠，有效地克服了"搭便车"的问题②，提高了动员内容的可信度，增加了动员的情感效果，以滚雪球的方式，形成点、线、面的广大动员管道。在全媒体时代，两种类型的新媒体共同发挥作用，极大地加速了信息的流动和沟通，多种渠道可以使得潜在的行动者很容易获得参与群体行为的机会，不仅动员核心利益相关者迅速行动起来，参与到线下的环境抗争中，还动员情绪共同体关注抗争事件。在一些环境群体抗争事件中，在缺乏主流媒体的消息源，缺乏环境 NGO 的支持和帮助的情况下，新媒体成为获取消息的唯一渠道，因此新媒体占据舆论主导权，在短时间内号召数千人参与到抗议中，并且动员

① LEIZEROV S. Privacy Advocacy Groups Versus intel: A Case Study of How Social Movements are Tactically Using the Internet to Fight Corporations [J]. Social Science Computer Review, 2000, 18 (4): 461-483.

② HAMPTON, KEITH N. Grieving for a Lost Network: Collective Action in a Wired Suburb Special Issue: IcTs and Community Netuorking [J]. Information Society, 2003, 19 (5): 417-428.

和吸引全国不计其数的公众关注该事件，最后将环境群体抗争推向高潮。

其次，新媒体具有社会化功能，有利于动员公众参与抗争。公众接受信息并不是被动的，而是有意识地选择有共鸣的话题，这样才能为后续的抗争创造条件。在黏合信息流和公众的过程中，新媒体发挥了重要作用，如今新媒体的繁荣发展和移动设备的普及，使现代人不可避免地陷入各种信息的"乱轰乱炸"中，环保问题往往能够引起大众的格外关注。一旦公众整合有关环境问题的讨论时，特别是在具有"强社交"的新媒体中，关系紧密的网络关系跨越时空的限制，通过培养共同目标的方法影响参与者的想法和观念，强化已有的社会网络，有利于培育和动员潜在行动者，或者是进一步强化本来就有参与抗争想法的群体。在一些环境抗争案例中，抗争者都有一个共同的环境利益诉求，就是希望赖以生存的环境不要受到威胁或损害，这与当地每一个居民的生活息息相关，因此具有很强的共鸣性。各种有关建设的消息在传播，各种有关的危害性在讨论，经过讨论和传播，许多原本不了解情况的当地居民才意识到项目危害的严重性，共同的担忧、怨恨情绪不断累积，再通过新媒体迅速扩散，迅速调动起公众的参与热情。

最后，新媒体在传播过程容易培育和产生精英分子，加快动员过程。无论是博客、社区、论坛还是微博，其传播特性很容易让言论犀利、观点深刻或是本来在现实生活中就具有较高知名度和影响力的人脱颖而出，成为环境群体抗争的领头者。他们往往处于信息源的上端，成为信息的权威发布者，他们深层次、多维度地解读信息，引领舆论的走向，受到众人追捧，动员更多的人参与进来。在厦门反对 PX 项目事件中，意见领袖连岳在博客上发表众多的博文，不仅及时报道最新消息，还号召厦门市民行动起来，有理有据地指导厦门市民如何开展抗议活动，不断有市民受到连岳的文字的感染而加入抗争的行列。在四川什邡反对钼铜项目事件中，以李承鹏、韩寒为代表的微博意见领袖在官方消息屏蔽的情况下，不仅充当了信息源，还发布了发人深思的博文，不仅在其粉丝中产生一级传播，还与其他微博意见领袖进行互动和双向传播，其他意见领袖又间接将言论传给自己的粉丝，最后关于该事件的消息传遍整个微博，从而动员全国公众关注此事。

5.2.2 作为政治机会结构

首先对政治结构的概念做一个界定，这里笔者引用美国著名学者蒂利和塔罗的定义，即"各种促进或阻止某一政治行为者集体行动的政权及制度、机构特征"[①]。新媒体作为政治机会结构主要从两个方面作用于群体抗争，第一个方面是从国际角度来看，认为"新媒体促进跨国运动"[②]，间接影响国内的环境抗争。第二个方面是从国内角度来看，新媒体通过提升群体抗争的动员能力，间接降低政府信息控制能力，为抗争提供政治机会结构。在中国，对于环境群体抗争而言，新媒体作为政治机会结构主要通过第二个方面实现。

在我国，群体性事件一直被地方政府视为威胁政权稳定和影响社会安定的诱发因素，一旦发生群体性集会、示威等行动，一些地方政府通常选择堵塞消息，瞒报事实。在传统媒体时代，电视、报纸、杂志等媒体被政府掌控，遇到类似情况通常保持沉默。随着互联网技术的发展，新媒体的出现改变了这一格局，

---

① 西德尼·塔罗. 运动中的力量：社会运动与斗争政治 [M]. 吴庆宏，译，南京：译林出版社，2005：27.

② GARRETT R KELLY. Protest in an Information Society：a Review of Literature on Social Movements and New ICTs [J]. Information，Communication & Society，2006（2）：2.

其开放性、自由性、交互性等特征对群体抗争的政治机会结构产生了重大影响。新媒体相对于传统媒体，较少受到国家控制，成本和风险较低，有助于提高公众参与群体抗争的能力。通过使用新媒体，公众不再只是从政府、传统媒体获取信息源，公众本身就可以成为"公民记者"，记录、报道环境群体抗争的相关信息。这样在一定程度上可以绕过政府的审查和管制，"远离权力中心的群体组织集体行动的外部阻碍"①，极大地拓展了民众参与渠道。

目前，一些地方政府虽然可以通过删帖、设置敏感词等方式禁止公众传播、评论，但是在全媒体时代，新媒体种类繁多，一旦有环境群体性事件发生，所有新媒体基本都会参与进去，屏蔽消息的难度增大，"再也不可能轻易掌控信息的传播和交换，因此互联网新媒体在一定意义上减弱了国家言论控制能力"②。非常典型的是广东茂名反对 PX 事件，正当微博、社区论坛等关于该事讨论得沸沸扬扬时，政府采取删帖、屏蔽、封号的方式"灭火"。但是公众已经通过国内各个新媒体平台甚至国外的新媒体广泛转发相关消息，导致政府的"灭火"行为作用有限。

新媒体的日新月异给环境抗争提供了越来越大的政治机会结构，2003—2006 年，以传统媒体为主，网络 1.0 时代的新媒体为辅，公众和环境 NGO 充分利用网站、电子邮件发表观点及动员抗争，环境群体抗争获得有限的政治机会结构。2007—2009 年，以博客、社区论坛、手机为主的新媒体繁荣发展，新媒体开始成为消息的来源，并且与传统媒体形成良好的互动补

---

① A VAN, J LAER, P AEIST. Social Movement Action Repertoires: Opportunities and Limitations [J]. Information, Communication & Society, 2010 (8).

② KELLY GARRETT. Protest in an Information Society [J]. Information, Communication & Society, 2006 (2): 202-224.

充关系，抗争的政治机会结构开始扩大。从 2010 年起，以微博、微信为代表的新媒体异军突起，其传播更加及时化、便捷化。这个时候，传统媒体在环境群体抗争中式微，但其深度报道、权威性的地位再一次扩大舆论，通过"媒体循环"，环境群体抗争的政治机会结构进一步扩大。①

5.2.3　作为框架化结构

新媒体有助于促使大家参与讨论，这种讨论不仅发生在新媒体搭建的在线领域，还进一步延伸到现实生活中，反过来促进公众参与。讨论的过程是舆论形成的过程，也就是再建框架的过程。行动者可以运用即时通信、微博、微信、社区论坛等新媒体搭建公共领域。② 具体而言，新媒体作为框架化结构表现在以下两个方面：

第一，新媒体的及时性、弥散性、共时性使得其使用的准入门槛较低，用户可以自由选择参与讨论的时间与地点。在涉及与公众利益息息相关的环保问题时，其话题的吸引性和参与成本的低廉性很容易使大量的公众参与进来，多元化的传播主体带来各异的情绪和观点。在一些环境群体抗争事件中，一部分公众表达自己的情绪，有人愤怒，有人吐槽，有人担忧；一部分公众提供消息和事实，如转载政府的官方发言和传统媒体报道，或者是上传事件现场的各种图片、音频等；一部分公众从各个角度剖析问题，深入解读，为公众提供观点。各种情绪交织，各种火花碰撞，众声喧哗，形成一个独立于官方舆论之

---

① 邱林川. 手机公民社会：全球视野下的菲律宾、韩国比较分析［M］// 邱林川，陈韬文. 新媒体事件研究. 北京：中国人民大学出版社，2009：291-310.

② MYERS, DANIEL J. The Diffusion of Collective Violence：Infectiousness, Susceptibility, and Mass Media Networks［J］. American Journal of Sociology, 2000, 106（1）：173-208.

外的舆论场。新媒体一方面促使虚拟空间和现实空间的互动与交流，影响公众的现实行为，另一方面吸引传统媒体报道，影响媒体对事件报道的态度和立场。

第二，框架化有助于构建公众的集体共识。在民间舆论集聚过程中，公众的话语权重新回归到虚拟平台，参与者对议题进行框架化，形成"What"（"问题是什么"）"Why"（"问题产生的原因"）、"How"（"问题如何解决"）的话语框架，这种方式有助于增强行动者达成共识。例如，在厦门反对PX项目事件中，最初只有少数人知晓PX项目可能带来的危害，PX项目对大多数市民来说相当陌生，甚至有一部分市民之前根本没有听说过这个词，更谈不上对其产生的后果的预估。这样的情况在新媒体的传播后大大改变了，博客上连岳科普厦门PX项目，社区论坛上大家讨论PX项目的来历、危害以及如何采取措施避免，让公众恍然大悟，PX项目可能"产生剧毒""产生爆炸"的议题框架通过新媒体迅速形成，议题通过舆论机制倍增，有效地被集聚和放大，瞬间激发起厦门市民的集体共识，为后来发生抗议活动创造了重要条件。

5.3 新媒体动员在环境群体抗争中的风险

新媒体的发展给公众开辟了前所未有的言说路径，极大地扩大了公众的话语权，在环境抗争中发挥了动员、提供政治机会、再框架化的重要作用。然而，新媒体犹如一把双刃剑，其传播内容碎片化、传播主体多元化、传播速度迅速化等特征在给抗争带来机遇的同时也给社会带来风险，如谣言大肆传播、抗争走向激化、环境动员异化。

5.3.1　谣言大肆传播

新媒体为环境动员提供了自主的媒介载体和手段，多元化传播主体带来丰富而多样的信息，许多信息是来自个体，由于把关人的缺失，传播信息无法有效地得到保障和控制，这为谣言的滋生创造了媒介技术环境。在传统媒体时代，谣言主要在熟人之间口耳相传，其传播速度、广度都有限，然而在人际传播、大众传播集于一体的新媒体时代，公众通过博客、论坛、微博、微信、QQ群、贴吧等平台，可以迅速使谣言扩散开来，传播的广度、深度、速度都远超以前。

除了技术原因，我国社会现实情况也促使环境议题谣言的传播。首先是政府信息的控制。一些地方政府在推动项目发展时，决策往往不透明，在面对危机时，甚至想方设法封锁真相、堵塞相关消息，剥夺了公众的知情权和表达权。在信息无法有效获得满足的情况下，公众会在民间话语体系中寻找"真相""答案"，于是各种流言、猜测纷纷而起，甚至有群众对官方的言论和行为进行对抗性解读，认为一些地方政府的公信力较低，其传播的消息会误导甚至欺骗公众。其次是公众对环境问题的认知局限。由于环境领域涉及的各种术语具有专业性，造成知识壁垒，在面对与公众生存、健康紧密联系在一起的各种大型项目时，公众宁愿选择相信项目会造成严重危害，再加上一些地方政府语焉不详，各种谣言、负面信息会在短时间内迅速形成。最后，在环境抗争中，公众实际处于弱势地位，在缺乏主流媒体关注的情况下，为了引起政府重视，唤起社会的悲情与愤怒，公众常常借助未经证实的消息作为弱者抗争的武器，目的是借势造势，争取舆论的支持与同情，给政府形成压力，最终达到抗争诉求。①

　　根据笔者收集的 150 起环境群体抗争事件的统计分析显示，除去 24 起不详信息案例，在 126 个有效样本中，出现谣言传播的案例占比为 20%（见图 5.1），谣言主要产生于 PX 项目事件和垃圾焚烧项目事件中，谣言的内容主要集中在"PX 剧毒""现场有人死亡"等。这些言论充满煽动性，极具情绪感染与从众效应，再加之谣言通过强社会关系网络传播，在新媒体传播中"一石激起千层浪"，如蝴蝶效应般迅速传开，并且可能引发新一轮的线下集体行动。

　　在一些群体性事件中，各种关于谣言的文字、图片、视频在微博、微信上广泛流传。这些未经证实的消息在当时极大地震撼了公众，不仅导致舆论走向畸形，而且引发新的线下集体行动。

图 5.1　2003—2014 年影响较大的中国环境群体性事件谣言占比分布

　　① 谢茨施耐德. 半主权的人民 [M]. 任军锋，译. 天津：天津人民出版社，2000：1-17.

5.3.2 抗争走向激化

在环境群体抗争中，由于体制内的利益诉求渠道堵塞，公众通常会采取体制外的方式进行抗议，"势单力薄"的普通公众只有进行戏剧性、冲突性的表演式抗争（游行、示威、打砸抢烧等极端违法行为）时，才会显示出"较高"的新闻价值，才会在众多消息中脱颖而出进入社会视野，为公众的环境维权创造条件。

新媒体相较于传统媒体更加开放、便捷与迅速，在环境抗争中成为重要的动员力量，为公众实现表演式抗争提供了可能性。公众借助 BBS、社区论坛、QQ 群、微博、微信等平台发布消息，瞬间可以动员成千上万的人关注此事，同时号召参与者进行线下的表演式抗争，最后吸引全社会的关注，政府被置于"围观"中，出现不得不解决问题的局面。

有学者提出："对于缺乏资源的底层人来说，过激行为是他们的资源"。当表演式抗争成为公众一种常规性的诉求渠道时，这表明体制内正规救济渠道的资源在逐渐消失。这一现象会引发其他公众争相效仿，抗争式表演不断应用于其他环境群体性事件中，并且抗争朝着更加个性化、暴力方向发展，这无疑给地方政府的管理和应对带来巨大挑战。目前中国发生的群体性事件陷入了"公众前期参与不足→项目批准或实施→公众群体抗议→项目中止或取消"的博弈模式。对于抗争者来说，表演式抗争并不是其目的，而是通过表演式抗争寻求利益诉求，表演式抗争只是一种解决问题的手段。因为抗争者只有进行了表演式抗争，才能推动问题的公开化，对政府形成有效监督。但是这种表演式抗争往往会越界，给不法分子可乘之机，影响社会的安定团结。① 例如，在广东茂名反对 PX 项目事件中，公众通过"集体散步"的表演式抗争进行环保维权，整体情况较为平和理性，但是个别不法分子挑唆少数市民，到处散布谣言，并且借机打砸闹事，严重影响了社会秩序。

5.3.3 环境动员异化

动员异化是指媒介的动员效果被无限扩大，以至于可以无视或曲解事实。② 在西方国家，动员广大公众的基础是运用丰富的环保知识来"俘获"人心，这是决定环境运动是否成功的关键因素。据卡斯特的统计，在美国有 80% 的公众自诩为环境主义者，在欧洲这个数据达到 2/3。③ 可见，在欧美国家，公众的环保素养普遍较高。在中国，环境抗争与西方的环境运动迥然不同，除了社会背景、抗争诉求、组织模式有很大的差别外，环境动员也发生了异化。抗争者的着眼点很大程度上放在了政府的讨论上，而脱离了环境问题本身。在新媒体背景下，博客、论坛、微博、微信作为公众重要的动员手段发生了异化，其动员过程背离了环保科学本身，维权观念凌驾于环保观念之上，其本质是抗争政府的行为。

这在广东茂名反对 PX 项目事件中体现得尤其突出。2014年 3 月 30 日，就在茂名市民上街抗议的当天晚上，网络空间上演了百度百科 PX 词条的"争夺战"。原本关于 PX 的百度百科显示的是"低毒"，但被极端的网友改为"剧毒"。清华大学化工系的学生基于专业知识改回为"低毒"。但是网友根本无法认

---

① 郭小平. 中国网络环境传播与环保运动 [J]. 绿叶，2013（10）：15-22.

② 周海晏. "电子动员"的异化：广东茂名 PX 项目事件个案研究 [J]. 新闻大学，2014（5）：88-95.

③ 卡斯特·曼纽尔. 认同的力量 [J]. 曹荣湘，译. 北京：社会科学文献出版社，2006：171.

同，又改回为"剧毒"。在之后的6天时间，此条被反复修改了36次，在4月5日那天此条确定为"低毒"状态。

在这场"争夺战"中，学院派和部分网民形成两种对峙的观点，学院派从科学角度出发，用科学实验验证PX项目是低毒，并指出网友们不应该利用"伪科学"恶意动员、蛊惑群众。而部分网友却认为清华大学化工系的学生是"替政府说话、办事"，宣扬PX项目的好处。事实上，学院派是站在环保知识的基础上表明观点。而网友的核心论点脱离PX项目本身的问题，直指一些地方政府公信力的问题。这种对政府的不信任，并且打着环保的外衣进行的动员抗争，使动员发生异化。

6 新媒体时代政府应对环境
群体抗争的治理策略

　　环境群体抗争的产生是多种因素的共同作用，其产生逻辑有两个方面：一方面是其带有环境问题的特征，即环境污染或威胁等问题直接影响公众的生存与健康，是引发抗争的直接动力，环境问题的产生又与政府的政策导向、经济发展模式、环境管理体制、法律法规密不可分；另一方面是环境抗争的发生逻辑又带有群体性冲突的共性，在环境问题产生后，受损公众进行环境申诉与抗议，往往遭遇信息沟通渠道堵塞、权利救济途径失效等问题，其背后反映出更深层的问题，即国家环保法律法规不健全、公众参与度较低、环境管理机制不完善等一系列问题。

　　如果这些问题不能及时、妥善、有效地解决和处理，环境冲突就会进一步恶化。特别是在新媒体的扩散和推动下，新媒体的便捷性、交互性以及广泛性给公众提供了获取和发布信息的平台，拓宽了公众表达和言说的渠道，在信息聚合效应下很容易形成强大的舆论，迅速推动环境冲突从线上的抗争演化为现实的群体性事件，并且有可能使抗争从体制内的温和、理性、有秩序的方式向暴力化、非理性化转变。通过前面的分析可知，大部分的环境抗争的对象为政府，而且环境群体性事件参与人数众多，规模通常较大，一旦爆发环境冲突，有可能导致政治风险，进而扩大为综合性的社会危机，成为影响社会安定、团结的重要因素，这将给政府的社会管理带来巨大的挑战。

因此，应对和化解危机，满足公众正常的环境利益诉求，避免恶化成群体冲突，成为政府治理亟待解决的问题。我们要想从根源上解决环境冲突，不仅需要政府、企业、公众、媒体、意见领袖等各行为主体积极协调参与，还需要中央政府从宏观方向进行规章制度的调整和完善，需要地方政府在具体环境问题的处理和应对过程中提高能力，需要政府多管齐下，从思想观念、体制机制、法律法规、舆论应对等方面综合治理。

据此，政府治理总共分为两个部分，其一是"防患于未然"的角度，从预防的思路进行治理，主要目的是减少环境污染，提高环境治理能力，营造良好的生存环境，从而减少环境冲突风险。政府应具体通过转变经济增长方式、加强公众参与、健全环境行政管理体制、完善环境影响评价制度来实现。其二是化解的角度，主要探讨公众有了环境诉求后，政府如何采取措施解决矛盾，避免冲突升级，即环境冲突治理。其实施办法又分为两个方面：一方面，完善环境利益诉求机制，如建立健全信访制度、改革环境公益诉讼制度、发挥民间组织的润滑作用；另一方面，在新媒体传播背景下，探讨政府如何应对环境的网络舆论，提升政府应对能力，政府可以通过提升官员新媒体使用能力、加强传统媒体的议程设置能力、提升公众的媒介素养、培养网络意见领袖、加强信息公开等方式来应对危机。通过以上措施，政府可以建立全方位、立体化的环境抗争综合治理框架，为各级政府科学、高效、有序地应对环境群体抗争提供决策参考（见图 6.1）。

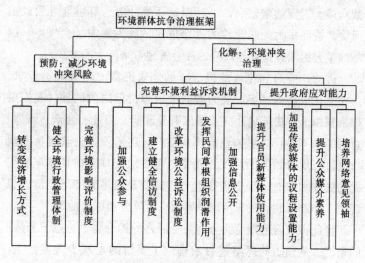

图 6.1　中国环境群体抗争治理框架

6.1　环境群体抗争的风险预防

6.1.1　治本：转变经济增长方式

环境冲突的根源在于环境污染。如前文所述，环境污染是工业化过程的必然产物，因此解决环境问题的根本在于转变经济增长方式，降低对高能耗、高污染产业的依赖，这是减少环境冲突的根本性措施。因此，在未来的经济发展中我们不能只顾经济建设而忽视环境保护，要摆脱过去"先污染后治理"的发展观念，正确处理好经济发展与环境保护的关系，保证经济、社会以及生态的协调，不仅要"金山银山"，还要"绿水青山"，实现人与自然和谐相处。

当前，各地发展与政府官员的考核标准多以经济指标为主，环境指标虽然被纳入考核范围，但没有发挥实质作用。这种情况下，一些地方政府为追求经济效益，大规模重复性地投资与建设，甚至以牺牲环境为代价来促使经济发展，追求"短平快"的政绩，这着实不可取。政府应该树立生态文明的理念，完善绿色 GDP 考核体制，转变经济增长方式。

首先，政府需要倡导生态文明的理念，通过社会化传播促进生态文明理念的传播，塑造尊重自然、爱护自然、顺应自然的发展观念，把生态文明建设贯穿到政治、经济、文化、社会的各个方面，促进人与自然的内在融合；走可持续发展的道路，解构与超越"唯经济发展论"，实现上自中央政府、下至地方政府绿色发展观念的普及，在思想层面上降低环境群体性事件发生的可能性，为从源头扭转环境恶化做好理念上的准备。

其次，政府需要引入绿色 GDP 考核标准体系，如以生态成效、环境质量、环保投入等作为考核指标，减少 GDP 在考核中的比重，增强环境保护在干部任用、升迁以及奖励考核中的重要性；同时加强环境监管，落实和细化处理重大环境事故官员的问责机制，严格执行"一票否决制"，促进环境治理由事后处理向事前预防的转变。以上方式可以树立地方政府领导人正确的政绩观，确实落实政府的环保职责和责任，提高环境决策的合法性，使政府自觉接受大众的监督，将引发环境冲突的隐患提前平息。

最后，各级政府应大力发展循环经济，提倡节约资源，促进经济发展方式由过去的高消耗的粗放型向兼顾环境利益的集约型转变。其一，政府应加大环保的资金、人才、技术以及设备的投入，出台相关政策鼓励社会技术创新并完善配套的环保设施，如污水处理、污染减排等，减轻经济增长对环境资源的依赖度。其二，政府应推进企业环保文化建设，加强企业环保意识教育，促进企业将环保观念落实到具体生产的各个环节中，加强企业的环保责任，加大对企业污染环境行为的处罚力度，提高企业违法成本，使得污染企业的违规代价远远高于遵守环保规则的成本。

6.1.2　统筹：深化改革中国环境行政管理体制

环境管理体制涉及机构设置、职权分配以及机构间的协调与合作。一个高效、合理、健全有序的环境行政管理体制直接影响环境管理的效能，对于统筹环境工作、预防环境污染与冲突具有决定性的作用。目前我国的环境行政管理体制存在各级环保部门不够独立、缺少"实权"、环境管理机构职责不清、执法力度不够等问题，这是导致我国环境恶化、环境冲突的重要因素。因此，为了避免这些问题，可以采取以下措施：

6.1.2.1　强化环保部门的权威性

从国家层面来看，由于环保体系一度呈现"九龙治水，各自为政"的现象，环保部①曾长期处于"尴尬地位"，在一些大型环境项目和恶性环境污染事件中，话语权不足，干预能力有限。从地方层面来看，地方环保机构受制于当地政府，在环境保护工作的具体执行过程中，只有限期治理、停产整顿的建议权，没有决定权，能力十分有限。我国应以立法形式确保环保部门的地理性和权威性。

2008 年，原国家环境保护局改为环境保护部（环保部），并且强化了环保部的地位，但相较于国家发展与改革委员会等部门来说，并没有通过立法的形式确定环保部的重要地位。美国的联邦环保局是独立的机构，虽然不是内阁部门，但直接对

---

①　2018 年 3 月，根据第十三届全国人民代表大会第一次会议批准的国务院机构改革方案，将环保部的职责整合，组建中华人民共和国生态环境部，不再保留环保部。

总统负责，职权广泛，不受任何部门的影响，独立性极高，并且法律有明确规定联邦环保局对各种污染行为有审查、处罚、停产的决定权。日本、加拿大、韩国、英国等国家的环境保护部门都享有很高的行政地位，其负责人地位也很高，如日本的环境厅长是主要的内阁大臣之一，以确保环境保护机构在工作执行中的权威性和重要地位。因此，我国在机构改革后应该进一步以法律形式明确和细化各级环保机构的职能，授予其更多的话语权和决定权，使其不再受不应该有的行政干扰，使其在环境保护过程中拥有更高的独立性和权限，把"实权"真正交还给环境保护部门。

6.1.2.2　建立高效的部门协调机制

目前，我国的环境管理体制具有"统一监督管理，分部门相结合"的特征，造成管理机构设置重复，各部门间权限不清晰，管理职能重叠、交叉以及错位，环境保护职能分散在多个部门。这样会出现政出多门的问题，并出现在工作中难以沟通与协调的情况，使得工作效率大大降低，但是环境资源的管理与配置又不是单一部门的工作，是需要多个部门之间相互协调和配合，才能顺利完成的。国外的实践证明，建立高效的部门协调机制对环境保护事务的开展至关重要。

美国设立国家环境质量委员会，负责为重大环境决策提供咨询，更为重要的是协调环境管理部门的行动。在澳大利亚，除了环境与遗产部门外，在中央还设置国家环境保护委员会，以协调跨部门的环境事务。我国应在环境事务中开展充分讨论与论证，加强各部门间的联系与沟通。此外，更为关键的是我国要在管理层次、管理范围、管理手段上建立高效的协调机制。

首先，在管理层次上，我国应坚持统管与分管的原则，在环境工作的开展过程中，明确环境保护机构的主导地位，实施统领性、全局性、纲领性的管理，其他部门协同管理，是补充性、配合性的管理。其次，我国应构建垂直管理体系，地方环保部门作为国家生态环境部的派出机构，直属于国家生态环境部，应减少地方政府机构对地方环保部门的制约，真正实现垂直领导。再次，从管理范围上来看，不同部门应该有针对性地管理与其相适应的工作，明确各部门的工作，扬长避短，不应该跨行业和部门管理，避免职责重复，同时接受生态环境部的监督。最后，从管理手段上，环保部门要制定与环境相关的规章制度和行业标准，并对环境事务有最高裁定权和监督权。各部门应积极响应和贯彻落实规章制度，并且进行自我督查，对环境事务有建议权。

6.1.3 预防：健全环境影响评价制度

环境评价制度指的是在环境项目建设前，对该项目可能产生的环境问题进行调查、预测以及评估，并提出相应的处理意见和对策。[①] 环境评价制度对于预防环境污染源，完善环境监督，进而减少环境冲突有着关键性的作用。

由于我国环境评价制度建立时间较晚，因此还存在发展不成熟、落实不到位的问题。具体问题有以下几点：

其一，环境问题对象不够宽泛，仅局限于具体的建设项目，环境评价制度对那些国家重大经济、技术产业以及重大基础设施建设没有做出规定。在评价程序上，我国存在环境影响"后评价"现象，即项目在建设和运行之后补办环评手续。

其二，环境评价制度对参与环境影响评价的主体规定不明确，没有指明哪些公众应参与听证会，这就会导致参与听证会

---

① 李艳芳. 论我国环境影响评价制度及其完善 [J]. 法学家, 2000 (5): 3-11.

的公众可能不是建设项目环境影响最大的受害者。①

其三，环评流于形式。地方环境影响评价报告书由地方环保部门审批，地方专项规划的编制者是地方政府，建设项目往往也是地方政府招商引资而来的，而地方环保部门又受地方政府控制，这样必然导致环评被屡屡绕过，或者只流于形式，或者环评报告能轻易通过地方环保部门审批，甚至出现环境影响造假的情况。

因此，为了建设和完善环境评价制度，政府应该从以下两方面入手：

6.1.3.1 提高环境评价制度的科学性

针对目前环评制度存在的问题，政府需要提高环境评价制度的科学性，可以对环境评价制度的程序和方法做如下调整：

首先，对于环评听证会，政府必须确保相关民众能参与进来，可以充分表达意见。在环境项目实施或环境法律制度出台前，地方政府应该邀请专家参与论证，虚心听取公众意见，并且对公众意见做出答复。如果缺少任何一项措施，地方政府都应该考虑暂停项目。同时，政府应规范环评程序项目，严格执行"先环评，后建设"的顺序，让问题充分暴露在建设前。

其次，政府需要改进评价机制，引入公平独立的第三方机构，充分发挥其监督作用，防止地方政府"既当裁判员，又当运动员"情况的发生。

最后，政府解决环评机构环评不实的问题，可以采取以下措施：

第一，加大处罚力度。如果环评机构出具伪造的环评报告书，并给公众与社会带来较大的危害，应当永久取消该环评机

---

① 李爱年，胡春冬. 中美战略环境影响评价制度的比较研究 [J]. 时代法学，2004（1）：109-120.

构的资质，同时一查到底追究相关人员责任。如果一些人员肆意干预环评，政府要加大对相关责任人的惩罚力度。

第二，加强管理与监督。相关部门要严格执行环境影响评价报告书所规定的公示制度，地方环保部门须在环评报告书审批之前，在媒体上或以其他公开的方式公示报告书的内容，接受大众的监督。

第三，制衡与提高。环评报告在公示期间，如果公众对报告书持有异议，政府需要提供公众表达心声与建议的条件。另外，政府需要重新委托新的环评机构进行环评，再将两方意见对比，以降低单一环评带来的科学性不足的问题。

6.1.3.2　引入环境健康和社会风险的评估机制

目前，环境影响评价制度的内容主要是项目造成的环境影响，对于项目给周围公众带来的健康风险和社会风险少有考虑，而污染事故往往直接危及公众健康。正如吕忠梅在谈到"血铅事件"时所讲："国内血铅事件的频繁爆发与我国大多数项目没有做'以人群健康为中心'的环境健康风险评价有很大关系。"① 因此，科学合理的环境评估机制应该更多地站在如何降低公众健康风险上，督导部门应在此之上建立新的环评标准和风险警告机制。更重要的是在新的环评和预警机制当中凸显不同部门的紧密协调机制。②

环境社会风险包括环境污染、项目建设以及生态破坏带来的社会风险，究其发生的根本原因，是人类不合法、违规操作导致。"重大事项→环境影响→社会风险"是其发生的内在逻辑。因此，我们可以将环境社会风险评估纳入社会稳定风险评估之中。

---

① 吕忠梅.根治血铅顽疾须回归法治 ［N］.南方周末，2011-05-26（10）.
② 吕忠梅.根治血铅顽疾须回归法治 ［N］.南方周末，2011-05-26（10）.

从法制角度来看，目前，我国环境健康标准体系尚处于空白阶段，需要在借鉴发达国家经验的基础上尽快制定出符合中国国情的标准体系，加快制定环境健康标准，完善环境与健康立法，确保公民健康的权利有法可依。

从体制角度来看，国家可以专门针对环境健康事件设立一个部门，这有助于管理的针对性和专业化。管理人员可以由公共卫生部门与环保部门的工作人员担当。

从机制角度来看，各级政府应建立、完善关于环境健康风险的各种机制。例如，建立科学评价和预测的预警机制，有效提高风险预判；建立专项基金筹措与运作机制，保障工作更好地展开；建立信息搜集、储存与反馈机制，有助于沟通畅通；完善各督导部门紧密合作、相互协调机制，推动工作有条不紊进行；等等。

6.1.4 建言：完善公众环境参与机制

在环境领域中，公众参与有助于政府广纳民意，提升项目决策的科学性，让政府的环境规划能够考虑和反映公众的真实想法，避免因政府行为与公众的环境利益不一致而导致的环境冲突。

6.1.4.1 消除导致公众"非参与"的诱因

在美国学者莎利·安思婷构建的公民参与的决策阶梯中，"非参与"是影响公民参与决策的最底层因素。①"非参与"主要由两方面造成：一是主观上不愿参与，二是客观上无法参与。后者是因为公众环境参与缺乏有效的制度化渠道，或者参与途径堵塞。为了解决"非参与"，政府可以从以下方面入手：

---

① ARNSTEIN, SHERRY R. A Ladder of Citizen Participation [J]. Jounal of the American Institute of Planners, 1969 (25): 216-224.

其一，充分发挥大众媒体、环境 NGO 以及社区机构的作用，通过其对公众进行环境知识普及与环保观念的培育，提高公众的维权意识和环保意识，通过各种方式激发公众参与的动机，只有当民众切身体会和认识到保护环境是自己应尽的义务和责任时，公众才会积极主动地进行环境参与。童星等人指出："对分散的利益加以组织化，可以在很大程度上缓和参与中利益代表结构的失衡。"①

其二，畅通公众参与的各种渠道，如 12369 环保热线、各级环保部门的投诉信箱、公众听证会等。政府可以群策群力，积极探索新的参与渠道，扩大环境参与途径的范围。此外，政府要保障参与程序的规范性和有效性，对于政府回应不及时、执法不严格的情况进行问责，避免公众的权利被虚化。

6.1.4.2 增加参与的实质性内容

目前，《中华人民共和国环境保护法》《中华人民共和国环境影响评价法》等相关法律法规对公众参与做出了相关规定，但在参与范围、参与内容上并未明确。个别地方政府更是单纯为了自身利益，使公众的环境参与流于形式。例如，在有关环境项目推进的过程中，公众被告知多少、能够咨询哪些内容、如何咨询、公众的意见是否被采纳等，都是由地方政府的公权部门决定，公众处于绝对的被动状态。

为了提升参与的实质性，政府可以从以下方面进行改变：

首先，在法律上对"告知"和"咨询"做出详细的规定，将环境信息公开、环境决策咨询以制度化的形式确定下来，确保公众的环境信息知情权和决策建议权。

其次，在地方公权部门之外培育第三方监督力量，如放宽

---

① 童星，张海波. 中国应急管理：理论、实践、政策 [M]. 北京：社会科学文献出版社，2012：338.

对媒体的监控力度，大力扶持民间 NGO，发展社区等基层组织进行有效监督，防止地方公权部门在环境领域的权力寻租，让公众真正参与进来。①

最后，落实公众参与方式。例如，建立环境保护定期问卷调查制度，由第三方力量实施整个问卷的调查过程，了解公众对政府环境决策与监管、环境执法与信息公开方面的需求和意见。这种做法既可以收集民意，又可以对环保部门的工作起到测评和监督的作用。

6.2　环境群体抗争的治理与应对

6.2.1　救济：完善环境利益诉求机制

目前公众环境利益诉求渠道大体可以归结为三大类：第一类是涉及党委和政府的信访与上访，第二类是涉及律师、法律援助机构和法院的诉讼，第三类是涉及专家学者、新闻媒体、各类环保组织和社会团体的外援。这三个方面的政治机会目前都存在一定的问题。

在信访渠道方面，信访部门的权力甚微，主要工作围绕登记、转送以及协调信访事宜，解决问题的能力较弱，对于敏感问题，更是效力低下。另外，"属地管理、分级负责"的信访工作原则常常使得上访者绕了一圈最终回到了原点。公众的诉求无法满足，使得越级上访的行为频频发生。

在诉讼渠道方面，第一，诉讼成本高昂，不仅花钱、花时间、花精力，特别是环境诉讼，面临的最大困境是"举证"，势

---

① 冷碧遥. 邻避冲突及政府治理机制的完善——基于宁波 PX 项目的分析 [J]. 知识经济，2013（11）：7-8.

单力薄的公众很难与实力很强的企业团体相抗衡。第二，司法系统的不独立，导致有时司法有失公正。在有些地方，容易出现行政干预司法的局面。第三，法庭系统内权力相对集中，导致判决由少数几个法官决定，容易出现权力寻租的可能。上述种种原因，一般情况下，会使公众对环境诉讼望而却步。

6.2.1.1　完善信访制度

信访制度是各级党委和政府倾听人民意见、接受监督的重要途径，虽然这种制度被于建嵘批评为只是"民意上达"而不是"民意表达"的制度，但是为了更好地发挥信访制度的效用，建议如下：

首先，推行主要领导接访的包案、跟踪、反馈与评估制度，提高信访制度化解社会矛盾、处理事故的效率，对因迟滞回应、敷衍了事，甚至胡乱作为而导致事件升级的相关责任人必须严厉追责。政府对民众呼声采取什么样的回应姿态往往直接关系事件发展的结果，及时、有效的回应对于消解对抗、防止群体性事件升级至关重要。

其次，充分发挥人大代表和政协委员的作用，使人大代表和政协委员能更多地关注农民利益的表达，同时提高救济维护农民权益的能力。政府可以从以下两点入手：第一，提高人大的地位，增加人大的权力。人大不能仅仅是增强党政合法性的工具，而应该是能对同级党委进行质询、监督甚至罢免的机构。第二，增加人大的信访功能，可以在人大中设立信访事务处理机构或公民权益维护机关①，并赋予这一机构处理问题的能力，在人员配置、资金安排、权力分配上适度倾斜，与此相适应的措施是赋予人大代表在休会期间了解、传达、反馈民众利益诉

----

① 祝天智. 政治机会结构视野中的农民维权行为及其优化 [J]. 理论与改革，2011 (6)：96-100.

求的权利。

6.2.1.2 改革环境公益诉讼制度

环境公益诉讼制度，对充分保障公众的环境权益、监督国家行政机关的行为至关重要。环境公益诉讼制度有利于环境矛盾在"体制内"化解，避免冲突升级，避免引发群体性事件。但是目前环境公益诉讼制度在我国并没有发挥其应有的功能，公众很少通过环境诉讼制度进行环境维权。具体建议如下：

其一，加强司法独立性，使司法领域成为独立的社会空间。政府应该尽量减少党政系统对司法系统的干预，确保法院裁决的公正性。

其二，简化环境利益诉讼程序，或者建立专门的审理程序。政府要简化现有的民事诉讼程序，保证环境污染的证据在规定时间内有效。此外，民事诉讼实行"谁主张，谁举证"原则，虽然环境诉讼特殊规定"举证责任倒置"原则，但原告要求停止侵权时，必须证明存在污染；如果要求经济赔偿时，则必须证明存在损害以及损害程度，这些举证对于普通百姓而言非常困难。更为重要的是，诉讼时间的漫长消除了农民解决事件的其他机会成本。

其三，突破传统民事诉讼对环境诉讼的限制，建立环境公益诉讼制度。《中华人民共和国民事诉讼法》规定原告必须是直接受害人，而直接受害人因为法律知识的欠缺、财政能力的有限、受害取证的艰难，加上对法院是否会公正判决的担忧等因素往往不愿或不能进行环境诉讼。而环境公益诉讼可以缓解这一矛盾。所谓公益诉讼，是指任何人或社会团体为了公共利益都可以向法院起诉污染环境的行为。

6.2.1.3 发挥民间环保组织的润滑剂作用

在西方国家的环境运动中，环境NGO一直作为沟通政府和公众的桥梁，在环境保护与抗争行动中发挥了重要作用。然而在中国，由于国情的特殊性，环境NGO并不健全，在环境抗争中，常常面临失灵的情况。其具体表现为：环境合法性身份的缺失、环境NGO对公共决策影响不充分、在充当受损公众的代言人角色时显得软弱无力等。因此，政府需要从以下几个方面来改善：

第一，给予环境NGO合法的地位。在我国现有的法律体系下，政府应增加对环境NGO的法律地位的确认，保障环境NGO在环境领域的立法、执法、维权以及监督等方面的参与权，扩大环境NGO在环境保护和环境救济中的影响力和实际参与能力。此外，政府应提高环境NGO的独立性，增加其在环保事务中的话语权。长久以来，国内的环境NGO对政府有很强的依赖性，除了管理体制外，多是由于资金不独立造成的。因此，环境NGO应扩大资金的筹集渠道，在有条件的情况下可以适当开展有偿服务，获得经营性收入。

第二，改革环境NGO的活动方式，扩大环境NGO对政府公共决策的影响力。通过前面的分析，2003—2006年，环境NGO在环境抗争中确实发挥了重要作用，表现活跃，直接推动了环境公共政策的变更。但在2006年以后，环境NGO在大多数的环境抗争中缺席，对政府公共政策的影响几乎为零。环境NGO仅仅停留在宣传环境政策法规、植树造林、爱护野生动物等价值观驱动型的活动中，这限制了环境NGO发挥更大的作用和功能。鉴于美国、日本等国家的先进经验，在环境事务中，环境NGO不仅可以游说地方政府，与政府紧密合作、保持友好关系，还可以参与环境决策的全过程。政府应该鼓励和扶持NGO积极参与环境抗争，使NGO在公众和政府之间扮演纽带角色，特别是在官民矛盾激烈时，加强官民之间的沟通与交流，充分发挥环境NGO的润滑作用。

6.2.2 应对：加强政府在环境群体性事件中的网络应对能力

6.2.2.1 加强信息公开，提升政府的公信力

环境信息公开是保障公众知情权的基础。在环境群体抗争中，政府往往对环保信息不够公开，从而引起公众的疑虑和恐慌，然后公众又迟迟无法得到政府的回应和告知，使得公众对政府逐渐失去信任。当谣言四起时，环境冲突便会不断升级。因此，在信息传递过程中，往往存在信息公开不够及时、信息公开程度低的问题，这严重损害了政府的公信力。而良好的公信力又是政府能顺利实施各项政策和实施各项工程项目的必备条件。对于如何提高政府公信力，笔者提出以下两点建议：

第一，政府应该完善信息发布体系，及时公开环保信息。对此，笔者建议政府建立统一的信息发布平台，在环境事务中，及时向公众发布消息，尤其是涉及重大的、与公众利益息息相关的信息，政府要及时披露。在新媒体传播背景下，政府可以利用新媒体平台，如官方微博、官方微信、政府官方网站及时传播环境信息，在舆论中占据主导权，增进政府与公众间的信任。

其次，加大政府信息公开的力度，消息发布不能只停留在表面。在群体抗争中，信息来源渠道多样，有媒体、公众、政府以及企业等，要想保证政府发布的消息具有权威性，除了需要政府及时发布信息外，还需要做到信息内容的真实性和全面性。具体而言，一是政府发布的环保消息能够让公众全面知晓项目内容、相关政策、环评结果等，从而避免在公众消息真空期内产生谣言，使之不会扰乱公众的情绪；二是政府应逐步建立有步骤、分阶段、多点多面的信息发布机制，确保发布内容的全面性、准确性、真实性；三是对于敏感消息，政府不能过度回避，否则会引发欲盖弥彰的不良后果。

6.2.2.2 提升政府新媒体使用能力，建立舆情预警机制

相较于过去，新媒体以其迅速、便捷、互动等优势能够迅速汇聚舆论，这为地方政府的危机管理带来新的挑战，同时新媒体传播的复杂性要求各级地方政府要有更强的应对能力。以论坛、微博、微信为代表的新媒体为公众的环境抗争提供了发布渠道，拓宽了言说路径。为了能与公众互动，政府需要提升新媒体的使用能力，占据舆论的制高点，构建舆情的预警机制。

首先，各级政府官员要以包容的心态看待和接纳新媒体，应该从观念上充分认识到新媒体的舆论监督功能，熟知新媒体的传播特点与规律，把新媒体当作发布与获取消息、掌握民意的重要平台。同时，各级政府应该积极进驻网络平台，如开设官方微博、官方微信，完善官方网站，学习提升新媒体的使用技能，善于管理和运作新媒体。

其次，政府应通过各个新媒体平台，加强与公众的沟通、交流和互动，使得信息能及时、迅速、便捷地传达给公众，同时了解公众的利益诉求，打通官方舆论与民间舆论的通道，随时关注舆论动态，通过论坛、微博、微信等多种途径第一时间收集舆情资料，在危机来临前做好预警工作。

最后，加强舆论的议程设置能力，抢占舆论的主动权与话语权。根据前期对舆情的收集和整理，政府应及时做出反应，防止危机疯狂蔓延，避免形成舆论风暴。

6.2.2.3 发挥传统媒体作用，提升舆论的权威性

在环境群体抗争中，虽然传统媒体的部分报道优先权"让渡"给新媒体，但传统媒体凭借其权威性、可靠性、深度报道等优势仍然在环境群体抗争的报道中发挥重要的作用。在新媒体兴盛的时代，传统媒体如何发挥作用，更好地引领舆论呢？

第一，加强深度报道。随着网络公民社会的崛起，往日传统媒体的绝对主导地位开始被撼动，但传统媒体仍在内容把关、

深度报道方面发挥重要作用。如同政府一样，传统媒体需要加强与新媒体的合作和融合，积极进入网络舆论场，开设官方微博、官方微信，及早介入舆论，寻找新闻线索，对新媒体上的言论进行综合整理，对事件进行追踪调查和深度挖掘，肃清不实消息和言论，与网络舆论形成互补。例如，在茂名反对PX项目事件中，茂名陷入了巨大的谣言"漩涡"中，以《人民日报》为代表的传统媒体及时介入报道，经过调查和取证，呼吁公众理性对待，抵制谣言的传播。

第二，重构传统媒体角色。在公众的眼中，传统媒体被认为是"政府的代言人"，即使为公众代言，也是从自上而下的精英角度审视公众，并没有传达真实的声音，这在一定程度上有损传统媒体的公信力。因此，传统媒体应该多倾听抗争者的心声，多创造平台和机会让抗争者表达真实的意见与想法，把公众的困境、质疑及诉求向外界传达。同时，传统媒体也将官方的进程、消息及时公布给公众，做好内容阐释的工作。这种政府和民众之间的间接对话，不仅可以满足公众的环境信息需求，及时获得权威、可靠的消息源，还可以拉近公众与政府的距离，从而提升政府的公信力。

6.2.2.4 提高公众素养，确保舆论的健康发展

公众的素养和舆论有着密不可分的关系，而且往往主导着舆论是否能健康发展，因为正如诺依曼所说的那样："在公众聚集地，民意会出现非理性的蔓延，公众的观念很容易被极端言论左右。"在新媒体上，由于使用人数众多，在遇到极具敏感性的环保议题时，公众会表现出非理性的一面，出现不少言辞激烈、情绪激动的"吐槽帖"，再经过新媒体裂变式的传播，就会造成大面积的情绪感染、偏激式解读，最后导致未经核实的虚假消息大肆传播。

一方面，互联网技术日新月异，新媒体不断推陈出新，网

络场域话语权的释放造就了公众意见的狂乱表达。公众在自由表达观点的同时，也应该注意媒介素养的培养，包括能够掌握不同媒介的传播特点和使用技巧，有效地选择合适的媒介获取信息①，用理性的态度对待新媒体产生的消息，学会甄别、思辨地看待问题，不盲从，不轻信，不转发各种未经证实的消息。

另一方面，互联网匿名性的特点使得话语的真实性堪忧，为了构建一个健康有序的新媒体环境，我们需要建立由政府主导，公众积极参与的谣言监控机制。目前，新媒体传播仅仅依靠公众提高媒介素养，增强不实消息的鉴别能力是不能完全防止谣言滋生和增长的。新媒体应在平台方面构建专门的辟谣平台，一旦发现不真实的消息，就采用技术手段及时删除帖子，防止其扩散。政府部门应该设置专门的人员进行舆论监控，如果出现谣言，要及时公布真相，通过官方网站或正规渠道进行辟谣，对于恶意散播谣言者，政府应该采取法律或行政途径进行制止。

6.2.2.5 善用意见领袖，正确引导舆论

在前面的分析中可知，意见领袖在环境抗争中发挥着重要的作用，甚至决定整个抗争的走向。尤其是在新媒体传播中，意见领袖的权威性和号召力能瞬间动员成千上万的人，因此意见领袖的作用与影响力不可小觑。政府应该加强对意见领袖的关注，通过发挥意见领袖的作用推动整个舆论的健康发展。

第一，加强与意见领袖的合作和交流。在环境群体抗争中，政府要充分尊重和关注在网络中已经存在的呼声较高的意见领袖，加强与他们的联系和沟通。政府应定期举办座谈会或听证会，邀请意见领袖参加，增进了解。特别是在舆论的风口浪尖

---

① 洪长晖. 新媒体变革与媒介素养——兼谈厦门 PX 事件中的"短信"力量 [J]. 现代视听，2013（4）：23-46.

上，政府更要加强与意见领袖的联系和沟通的频率，适当地可以将有关环境项目的消息提前告知意见领袖，让意见领袖更能全面及时地掌握事件信息。政府通过意见领袖的言论去引导舆论，充分发挥意见领袖的中介桥梁作用，为建立政府与公众良好的对话机制提前做好准备。

第二，加强对意见领袖的培养。政府应该培养一批拥有正确价值取向、精通网络传播技术与网络语言的意见领袖，对各种"非主流的意见领袖"进行言论制衡，强化主流言论。这样的意见领袖有别于"水军"，而是具有深厚生活阅历、长期关注公共事件、有着独到见解的人群，他们善于使用公众喜闻乐见的语言。此外，政府还应该在官方系统里培养自己的意见领袖，如培养官员意见领袖，加强"明星"官方微博、官方微信建设，塑造意见领袖亲民形象，在危机来临时充分发挥其正面、积极的舆论引导作用。

参考文献

［1］蕾切尔·卡逊. 寂静的春天［M］. 邓延陆，译. 长沙：湖南教育出版社，2009.

［2］WORLD BANK. Cost of Pollution in China：Economic Estimates of Physical Damages［R］. Washington DC：World Bank，2007.

［3］李秦，褚晶晶. 浅谈新媒体条件下社会主义意识形态建设［J］. 出国与就业，2011（13）：95-96.

［4］廖祥忠. 何为新媒体?［J］. 现代传播，2008（5）：121-125.

［5］邵庆海. 新媒体定义剖析［J］. 中国广播，2011（3）：63-66.

［6］陆地，高菲. 新媒体的强制性传播研究［M］. 北京：人民出版社，2010.

［7］DUNLAP R E，MERTIG A G. American Environmertalism：The US Environmental Movement，1970—1990［M］. New York：Taylor & Francis Inc. 1992.

［8］何明修. 绿色民主：台湾环境运动的研究［M］. 台北：群学出版有限公司，2006.

［9］郇庆治. 80 年代末以来的西欧环境运动：一种定量分析［J］. 欧洲研究，2002（6）：75-84.

［10］ DIANI MARIO. Green Networks：A Structural Analysis of the Italian Environment Movement ［M］. Edinburgh：Edinburgh University Press，1995.

［11］饭岛伸子. 环境社会学 ［M］. 包智明，译. 北京：社会科学文献出版社，1999.

［12］孙培军. 运动国家：历史和现实之间——建国 60 年以来中国政治发展的经验和反思 ［J］. 理论改革. 2009 （6）：29-32.

［13］龙金晶. 中国现代环境保护的先声 ［D］. 北京：北京大学，2007.

［14］颜敏. 红与绿——当代中国环境运动考察报告 ［D］. 上海：上海大学，2010.

［15］覃哲. 转型时期中国环境运动中的媒体角色研究 ［D］. 上海：复旦大学，2012.

［16］张玉林. 中国的环境运动 ［J］. 绿叶，2009 （11）：24-29.

［17］ PETER HO. Greening without Conflict? Environmentalism, NGOs and Civil Society in China ［J］. Development and Change，2010，32 （5）：893-921.

［18］张金俊. 国外环境抗争研究述评 ［J］. 学术界，2011 （9）：223-231.

［19］中国行政管理学会课题组. 我国转型期群体性突发事件主要特点、原因和政府对策研究 ［J］. 中国行政管理，2002 （5）：6-9.

［20］ TARROW SIDNEY. Power in Movement：Social Movements and Contentious Politics ［M］. Cambridge：Cambridge University Press，1994.

［21］ CUTTER S，L RACE. Class and Environmental Justice ［J］. Progress in Human Geography，1995 （19）：111-122.

［22］滕海键. 20世纪八九十年代美国的环境正义运动［J］. 河南师范大学学报（哲学社会科学版），2007（6）：143-147.

［23］METZGER R, et al. Environmental Health and Hispanic Children［J］. Environmental Health Perspectives, 1995（103）：25-32.

［24］EVANS D, et al. Awareness of Environmental Risks and Protective Actions among Minority Women in Northern Manhattan［J］. Environmental Health Perspectives, 2002（110）：271-275.

［25］LOPEZ R. Segregation and Black/White Differences in Exposure to Air Toxics in 1990［J］. Environmental Health Perspectives, 2002（100）：289-295.

［26］HARMON M P, COE K. Cancer Mortality in US Counties with Hazardous Waste sites［J］. Population and Environment, 1993（14）：463-480.

［27］MOHAI P, SAHA R. Historical Context and Hazardous Waste Facility Siting: Understanding Temporal Patterns in Michigan［J］. Social Problems, 2005（52）：618-648.

［28］BULLARD R D. Enviromental Justice in the 21st Century: Race Still Matters［J］. Phylon, 2001（49）：151-171.

［29］BULLARD R D. Confronting Environmental Racism: Voices from the Grassroots［M］. Boston: South End Press, 1993.

［30］CAPEK S M. The "Environmental Justice" Frame: A Conceptual Discussion and an Application［J］. Social Problems, 1993（40）：5-24.

［31］JACKMAN M R, JACKMAN R W. Class Awareness in the United States［M］. Berkeley: University of California Press, 1983: 48-50, 187.

［32］SHELDON KRIMSKY, ALONZO PLOUGH. Environmental hazards: Communicating Risks as A Social Process［M］. Auburn：Auburn House，Publishing Company，1988.

[33] ANDERS HANSEN. The Mass Media and Environ-mental Issues [M]. Leicester：Leicester University Press，1993.

[34] CRAIG L LAMAY，EVERETTE E DENNIS. Media and the Environment [M]. [s. l.]：Eland Press，2000.

[35] 吉特林. 新左派运动的媒介镜像 [M]. 胡正荣，张锐，译. 北京：华夏出版社，2007.

[36] 克里斯托弗·卢茨. 西方环境运动：地方、国家和全球向度 [M]. 徐凯，译. 济南：山东大学出版社，2005.

[37] 张金俊. 国内农民环境维权研究：回顾与前瞻 [J]. 天津行政学院学报，2012（2）：44-49.

[38] VAUGHAN E，NORDENSTAM B. The Perception of Environmental Risks Among Ethnically Diverse Groups [J]. Journal of Cross-Cultural Psychology，1991（22）：29-60.

[39] 艾尔东·莫里斯，卡洛尔·麦克拉吉·缪勒. 社会运动理论的前沿领域 [M]. 刘能，译. 北京：北京大学出版社，2002.

[40] WHITE L. The Historical Roots of Our Ecological Crisis [J]. Science. 1967（155）：1203-1207.

[41] 卢云峰. 华人社会中的宗教与环保初探 [J]. 学海，2009（3）：40-46.

[42] WOLKOMIR，et al. Substantive Religious Belief and Environmentalism [J]. Social Science Quarterly，1997（78）：96-108.

[43] FREEMAN M R. Issues Affecting Subsistence Security in Arctic Societies [J]. Arctic Anthropology，1997（34）：7-17.

[44] 李连江，欧博文. 当代中国农民的依法抗争 [M] // 吴国光. 九七效应. 香港：太平洋世纪研究所，1997.

[45] 于建嵘. 当前农民维权活动的一个解释框架 [J]. 社

会学研究，2004（2）：49-55.

［46］陈鹏.当代中国城市业主的法权抗争：关于业主维权活动的一个分析框架［J］.社会学研究，2010（1）：38-67.

［47］董海军."作为武器的弱者身份"：农民维权抗争的底层政治［J］.社会，2008（4）：34-58.

［48］应星."气场"与群体性事件的发生机制：两个个案的比较［J］.社会学研究，2009（6）：105-121.

［49］折晓叶.合作与非对抗性抵制——弱者的韧武器［J］.社会学研究，2008（3）：1-28.

［50］王洪伟.当代中国底层社会"以身抗争"的效度和限度分析：一个"艾滋村民"抗争维权的启示［J］.社会，2010（2）：215-234.

［51］张磊.业主维权运动：产生原因及动员机制——对北京市几个小区个案的考查［J］.社会学研究，2005（6）：1-39.

［52］张玉林.中国农村环境恶化与冲突加剧的动力机制［M］//吴敬琏，江平.洪范评论：第九辑.北京：中国法制出版社，2007.

［53］童志锋.政治机会结构变迁与农村集体行动的生成——基于环境抗争的研究［J］.理论月刊，2013（3）：161-165.

［54］朱海忠.政治机会结构与农民环境抗争——苏北N村铅中毒事件的个案研究［J］.中国农业大学学报（社会科学版），2013（1）：102-110.

［55］GUOBIN Y. Environmental NGOs and Institutional Dynamics in China［J］. The China Quarterly, 2005（181）：46-66.

［56］MATSUZAWA S. Citizen Environmental Activism in China：Legitimacy, Alliances, and Rights-based Discourses［J］. Asia Network Exchange, 2012（2）：81-91.

［57］P HO, R L EDMONDS. Perspectives of Time and

Change：Rethinking Embedded Environmental Activism in China ［J］. China Information，2007，21（2）：331-344.

［58］陈占江，包智明. 制度变迁、利益分化与农民环境抗争——以湖南省 X 市 Z 地区为个案 ［J］. 中央民族大学学报（哲学社会科学版），2013（4）：50-61.

［59］郇庆治. "政治机会结构"视角下的中国环境运动及其战略选择 ［J］. 南京工业大学学报（社会科学版），2012（4）：28-35.

［60］YANHUA DENG，GUOBIN YANG. Pollution and Protest in China：Environmental Mobilization in Context ［J］. The China Quarterly，2013：214，321-336.

［61］王全权，陈相雨. 网络赋权与环境抗争 ［J］. 江海学刊，2013（4）：101-107.

［62］朱伟，孔繁斌. 中国毗邻运动的发生逻辑——一个解释框架及其运用 ［J］. 行政论坛，2014（3）：67-73.

［63］姚圣，程娜，武杨若楠. 环境群体事件：根源、遏制与杜绝 ［J］. 中国矿业大学学报（社会科学版），2014（1）：98-103.

［64］景军. 认知与自觉：一个西北乡村的环境抗争 ［J］. 中国农业大学学报（社会科学版），2009（4）：5-14.

［65］熊易寒. 市场"脱嵌"与环境冲突 ［J］. 读书，2007（9）：17-19.

［66］张乐，童星. "邻避"行动的社会生成机制 ［J］. 江苏行政学院学报，2013（1）：64-70.

［67］刘春燕. 中国农民的环境公正意识与行动取向——以小溪村为例 ［J］. 社会，2012（1）：174-196.

［68］周志家. 环境保护、群体压力还是利益波及——厦门居民 PX 环境运动参与行为的动机分析 ［J］. 社会，2011（1）：1-34.

［69］童志锋.认同建构与农民集体行动——以环境抗争事件为例［J］.中共杭州市委党校学报，2011（1）：74-80.

［70］刘能.怨恨解释、动员结构和理性选择——有关中国都市地区集体行动发生可能性的分析［J］.开放时代，2004（4）：57-70.

［71］孟军，巩汉强.环境污染诱致型群体性事件的过程——变量分析［J］.宁夏党校学报，2010，12（3）：90-93.

［72］孟卫东，佟林杰."邻避冲突"引发群体性事件的演化机理与应对策略研究［J］.吉林师范大学学报（人文社会科学版），2013，41（4）：68-70.

［73］彭小兵，朱沁怡.邻避效应向环境群体性事件转化的机理研究——以四川什邡事件为例［J］.上海行政学院学报，2014（6）：78-89.

［74］张孝廷.环境污染、集体抗争与行动机制：以长三角地区为例［J］.甘肃理论学刊，2013（2）：21-26.

［75］何艳玲."中国式"邻避冲突：基于事件的分析［J］.开放时代，2009（12）：102-114.

［76］墨绍山.环境群体事件危机管理：发生机制及干预对策［J］.西北农林科技大学学报（社会科学版），2013（5）：145-151.

［77］童志锋.变动的环境组织模式与发展的环境运动网络——对福建省P县一起环境抗争运动的分析［J］.南京工业大学学报（社会科学版），2014（1）：86-93.

［78］邱家林.环境风险类群体性事件的特点、成因及对策分析［D］.长春：吉林大学，2012.

［79］余光辉，陶建军，袁开国，等.环境群体性事件的解决对策［J］.环境保护，2010（19）：29-31.

［80］张华，王宁.当前我国涉环境群体性事件的特征、成因

与应对思考［J］. 中共济南市委党校学报，2010（3）：79-82.

［81］程雨燕. 环境群体性事件的特点、原因及其法律对策［J］. 广东行政学院报，2007（4）：46-49.

［82］冯仕政. 沉默的大多数：差序格局与环境抗争［J］. 中国人民大学学报，2007（1）：122-132.

［83］石发勇. 关系网络与当代中国基层社会运动——以一个街区环保运动个案为例［J］. 学海，2005（3）：76-88.

［84］张玉林. 环境与社会［M］. 北京：清华大学出版社，2013.

［85］罗亚娟. 乡村工业污染中的环境抗争——东井村个案研究［J］. 学海，2010（2）：91-97.

［86］陈晓运，段然. 游走在家园与社会之间：环境抗争中的都市女性——以 G 市市民反对垃圾焚烧发电厂建设为例［J］. 开放时代，2011（9）：131-147.

［87］李晨璐，赵旭东. 群体性事件中的原始抵抗——以浙东海村环境抗争事件为例［J］. 社会，2012（5）：179-193.

［88］曾繁旭，黄广生，刘黎明. 运动企业家的虚拟组织：互联网与当代中国社会抗争的新模式［J］. 开放时代，2013（3）：168-187.

［89］SHEMTOV R. Social Networks & Sustained Activism in Local NIMBY Campaigns［J］. Sociological Forum，2003（2）：215-244.

［90］俞可平. 治理与善治［M］. 北京：社会科学文献出版社，2000.

［91］KENNETH LIEBERTHAL. China's Governing System and Its Impact on Environmental Policy Implementation［J］. China Environment Series，1997（1）：3-8.

［92］李万新，埃里克·祖斯曼. 从意愿到行动：中国地方环保局的机构能力研究［J］. 环境科学研究，2006（19）：21-27.

［93］冉冉. "压力型体制"下的政治激励与地方环境治理

[J]. 经济社会体制比较, 2013 (3): 111-118.

[94] 张谦元. 农村环境治理与法制协调 [J]. 甘肃环境研究与监测, 1993, 6 (1): 39-40.

[95] 张纯元. 试论环境治理与观念更新 [J]. 西北人口, 1993 (4): 1-5.

[96] 郑思齐, 万广华, 孙伟增, 等. 公众诉求与城市环境治理 [J]. 管理世界, 2013 (6): 72-84.

[97] 唐任伍, 李澄. 元治理视阈下中国环境治理的策略选择 [J]. 中国人口资源与环境, 2014 (2): 18-22.

[98] 曲建平, 应培国. 环境污染引发的群体性事件成因及解决路径 [J]. 公安学刊, 2011 (5): 24-28.

[99] 廖奕. 环境抗争与法权博弈——什邡事件学理观察 [EB/OL]. (2013-01-29) [2017-07-30]. blog.sina.com.cn/s/blog_4adae4790101a74.html.

[100] 朱清海, 宋涛. 环境正义视角下的邻避冲突与治理机制 [J]. 湖北省社会主义学院学报, 2013 (4): 70-74.

[101] 谭爽, 胡象明. 环境污染型邻避冲突管理中的政府职能缺失与对策分析 [J]. 北京社会科学, 2014 (5): 37-42.

[102] 商磊. 由环境问题引起的群体性事件发生成因及解决路径 [J]. 首都师范大学学报 (社会科学版), 2009 (5): 126-130.

[103] 汤京平. 邻避性环境冲突管理的制度与策略 [J]. 政治科学论丛, 1999 (6): 355-382.

[104] 熊炎. 邻避型群体性事件的实例分析与对策研究——以北京市为例 [J]. 北京行政学院学报, 2011 (3): 41-43.

[105] 汤汇浩. 邻避效应: 公益性项目的补偿机制与公民参与 [J]. 中国行政管理, 2011 (7): 111-114.

[106] LYNCH M. After Egypt: The Limits and Promise of On-line Challenges to the Authoritarian Arab state [J]. Perspectives on

Politics, 2011, 9（2）：301-310.

［107］GARRETT R KELLY. Protest in an Information Society：A Review of Literature on Social Movements and New ICTs ［J］. Information, Communication & Society, 2006, 9（2）：202-224.

［108］包智明，陈占江. 中国经验的环境之维：向度及其限度——对中国环境社会学研究的回顾与反思 ［J］. 社会学研究，2011（6）：196-210.

［109］LEIZEROV S. Privacy Advocacy Groups Versus Intel：A Case Study of How Social Movements are Tactically Using the Internet to Fight Corporations ［J］. Social Science Computer Review, 2000（18）：461-483.

［110］MYERS DANIEL. The Diffusion of Collective Violence：Infectiousness, Susceptibility, and Mass Media Networks ［J］. Journal of Sociology, 2000, 106（1）：173-208.

［111］BIMBER BRUCE. The Study of Information Technology and Civic Engagement ［J］. Political Communication, 2000, 17（4）：329-333.

［112］HAMPTON KEITH N. Grieving for a Lost Network：Collective Action in A Wired Suburb ［J］. Information Society, 2003, 19（5）：417-428.

［113］XENOS MICHAEL, PATRICIA MOY. Direct and Differential Effects of the Internet on Political and Civic Engagement ［J］. Journal of Communication, 2007, 57（4）：704-718.

［114］WANG SONG-IN. Political Use of the Internet, Political Attitudes and Political Participation ［J］. Asian Journal of Communication, 2007, 17（4）：381-395.

［115］YEICH SUSAN, RALPH LEVINE. Political Efficacy：Enhancing the Construct And Its Relationship to Mobilization of People

[J]. Journal of Community Psychology, 1994, 22 (3): 259-271.

[116] CRAIG STEPHEN C, MICHAEL A MAGGIOTTO. Political Discontent and Political Action [J]. The Journal of Politics, 1981, 43 (2): 514-522.

[117] 胡泳. 众声喧嚣: 网络时代的个人表达与公共讨论 [M]. 桂林: 广西师范大学出版社, 2008.

[118] AYRES JEFFREY M. From the Streets to the Internet: The Cyber-Diffusion of Contention [J]. The Annals of The American Academy of Political and Social Science, 1999 (1): 132-143.

[119] SCOTT ALAN, JOHN STREET. From Media Politics to E-protest [J]. Information, Communication & Society, 2000, 3 (2): 215-240.

[120] DINAI M, P R DONATI. Organizational Change in Western European Environmental Groups: A Framework for Anaylsis [J]. Environmental Politics, 1999, 8 (1): 13-34.

[121] KAVANAUGH, ANDREA L, et al. Weak Ties in Networked Communities [J]. The Information Society, 2005 (21): 119-131.

[122] KUTNER L. Environmental Activism and the internet [J]. Electronic Green Journal, 2015 (12).

[123] MYERS DANIEL J. The Diffusion of Collective Violence: Infectiousness, Susceptibility, and Mass Media Networks [J]. American Journal of Sociology, 2006, 106 (1): 173-208.

[124] DONK W V D, LOADER B D, NIXON P G, et al. Cyberprotest: New Media, Citizens and Social Movements [M]. London: Routledge, 2004.

[125] GURAK L, LOGIE J. Internet Protest, from Text to Web [M] //MCCAUGHEY, M AYERS. Cyber Activism: Online Activism in Theory and Practice. New York: Routlege, 2005: 26-235.

［126］L J DAHLBERG. Extending the Public Sphere through Cyberspace：The Case of Minnesota E-democracy ［J］. First Monday, 2001, 6 (3).

［127］陈涛. 中国的环境抗争：一项文献研究 ［J］. 河海大学学报（哲学社会科学版），2014 (1)：33-43.

［128］童志锋. 互联网、社会媒体与中国民间环境运动的发展（2003—2012）［J］. 社会学评论，2013 (4)：52-62.

［129］郭小平.“邻避冲突”中的新媒体、公民记者与环境公民社会的“善治”［J］. 国际新闻界，2013, 35 (5)：52-61.

［130］周裕琼，蒋小艳. 环境抗争的话语建构、选择与传承 ［J］. 深圳大学学报（人文社会科学版），2014 (3)：131-140.

［131］徐迎春. 环境传播对中国绿色公共领域的建构与影响研究 ［D］. 杭州：浙江大学，2012.

［132］查尔斯·蒂利，西德尼·塔罗. 抗争政治 ［M］. 李义中，译. 南京：译林出版社，2010：15.

［133］裴宜理. 社会运动理论的发展 ［J］. 阎小骏，译. 当代世界社会主义问题，2006 (4)：3-12.

［134］谢岳，曹开雄. 集体行动理论化系谱：从社会运动理论到抗争政治理论 ［J］. 上海交通大学学报（哲学社会科学版），2009 (3)：13-20.

［135］MYER D. TARROW S. A Social Movement Society：Contentions Politics for a New Century ［M］//MYER D, TARROW S. The Social Movement Society：Contentious Politics for a New Century. Lanham：Rowman & Littlefield Publishers, 1998.

［136］冯仕政. 西方社会运动研究：现状与范式 ［J］. 国外社会科学，2003 (5)：66-70.

［137］王瑾. 西方社会运动研究理论述评 ［J］. 国外社会科学，2006 (2)：45-52.

[138] GUSTAVE LEBON. The Crowd: A Study of the Popular Mind, Marietta [M]. Georgia: Larlin, 1982.

[139] HERBERT BLUMER. Elementary Collective Behavior [M] //ALFRED MCCLUNG LEE. New Outline of the Principles of Sociology. New York: Barnes & Noble, Inc., 1946: 170-177.

[140] T R GURR. Why Men Rebel [M]. Princeton: Princeton University Press, 1970.

[141] MANCUR OLSON. The Logic of Collective Action [M]. Cambridge: Cambridge University Press, 1965

[142] OBERSCHALL ANTHONY. Social Conflict and Social Movements [M]. NJ: Prentice-Hall, 1973.

[143] JOHN D MCCARTHY, MAYER N ZALD. The Trend of Social Movement in America: Professionalization and Resource Mobilization, Morristown [M]. N J: General Learning Corporation, 1973.

[144] WILLIAM KORNHAUSER. The Politics of Mass Society [M]. New York: Free Press, 1959.

[145] D MCADAM. Political Process and the Development of Black Insurgency 1930—1970 [M]. Chicago: University of Chicago Press, 1982.

[146] SIDNEY TARROW. Power in Movement [M]. Cambridge: Cambridge University Press, 1994.

[147] PETER K EISINGER. The Conditions of Protest Behavior in American Cities [J]. American Political Science Review, 1973 (3): 11-28.

[148] MCADAM D. Political Process and the Development of Black Insurgency, 1930—1970 [M]. Chicago: University of Chicago Press, 1982.

[149] CHARLES TILLY. The Formation of National States in

Western Europe［M］. Princeton：Princeton University Press，1975.

［150］ C TILLY. From Mobilization to Revolution［M］. Reading，Mass：Addison-Wesley，1978.

［151］汤普森. 英国工人阶级的形成［M］. 钱乘旦，等，译. 南京：译林出版社，2001.

［152］JERRY LEE LEMBCKE. Labor History［J］. Science & Society，1995，59（2）：137-173.

［153］KLANDERMANS BERT. The Social Psychology of Protest［M］. Cambridge：Blackwell Publishers，1997.

［154］ERVING GOFFMAN. Frame Analysis［M］. NewYork：Harper & Row Publisher，1974.

［155］EISINGER P. The Conditions of Protest Behavior in American Cities［J］. American Political Science Review，1973（3）：81.

［156］曲格平，彭近新. 环境觉醒［M］. 北京：中国环境科学出版社，2010.

［157］国家环境总局保护总局，中共中央文献研究室. 新时期环境保护重要文献选编［M］. 北京：中国环境科学出版社，2001.

［158］赵永康. 环境纠纷案例［M］. 北京：中国环境科学出版社，1989.

［159］洪大用. 社会变迁与环境问题［M］. 北京：首都师范大学出版社，2001.

［160］洪大用. 中国民间环保力量的成长［M］. 北京：中国人民大学出版社，2007.

［161］赵凌. 国内首份信访报告获高层重视［N］. 南方周末，2004-11-04.

［162］《中国环境年鉴》编委会. 中国环境年鉴［M］. 北京：中国环境科学出版社，2003.

［163］陆学艺，李培林，陈光金.2013年中国社会形势分析与预测［M］.北京：中国社会科学出版社，2013.

［164］王姝.我国环境群体事件年均递增29%，司法解决不足1%［N］.新京报，2012-10-27（5）.

［165］刘能.当代中国转型社会中的集体行动：对过去三十年间三次集体行动浪潮的一个回顾［J］.学海，2009（4）：146-152.

［166］钟明春，徐刚.地方政府在农村环境治理中的经济学分析——以福建Z集团环境污染事件为例［J］.襄樊学院学报，2012，33（1）：37-42.

［167］王冠，王玮，谢菁菁.乡村工业污染下环境抗争性事件研究——基于安徽省A市L镇村民的访谈［J］.法制与社会，2012（27）：218-219.

［168］朱海忠.污染危险认知与农民环境抗争——苏北N村铅中毒事件的个案分析［J］.中国农村观察，2012（4）：44-51.

［169］李永政，王李霞.邻避型群体性事件实例分析［J］.人民论坛，2014（2）：55-57.

［170］张玉林.政经一体化开发机制与中国农村的环境冲突［J］.探索与争鸣，2006（5）：26-28.

［171］阎世辉.建设资源节约和环境友好型社会型社会［M］//戴汝信，等.中国社会形势分析与预测.北京：社会科学文献出版社，2006.

［172］陈友华.经济增长方式、人口增长与中国的资源环境问题［J］.探索与争鸣，2011（7）：46-50.

［173］GUHA RAMACHANDRA, JUAN MARTINEZ-ALIER: Varieties of Environmentalism: Essays North and South ［M］. London: Earthscan, 1997.

［174］于建嵘.当前我国群体性事件的主要类型及其基本特征［J］.中国政法大学学报，2009：112-120.

［175］SMELSER NEIL. Theory of collective behavior ［M］. New York：Free Press, 1962.

［176］童克难, 高楠. 深入开展环境污染损害鉴定评估 ［N］. 中国环境报, 2013-08-28.

［177］陶鹏, 童星. 邻避型群体性事件及其治理 ［J］. 南京社会科学, 2010 (8)：63-68.

［178］安东尼·吉登斯. 失控的世界：全球化如何重塑我们的生活 ［M］. 周红云, 译. 南昌：江西人民出版社, 2001.

［179］谢玮. 中核集团董事长孙勤：适时启动内陆核电站对长期发展有利 ［N］. 中国经济周刊, 2015-03-24.

［180］苏琳. 垃圾焚烧发电优势明显, 选址问题频频引发"邻避"事件 ［N］. 经济日报, 2015-02-13.

［181］周锐. 中国"重金属污染"去年致 4 035 人血铅超标 ［N］. 中国新闻网, 2010-01-25.

［182］叶铁桥. 重金属污染事件频发, 综合防治已有规划 ［N］. 中国青年报, 2012-02-01.

［183］何光伟. 特别报道：中国面临土壤修复挑战 ［N］. 中外对话, 2014-07-14.

［184］孙立平. 城乡之间的新二元结构与农民工流动 ［M］//李培林. 农民工：中国进城农民工的经济社会分析. 北京：社会科学文献出版社, 2003：155.

［185］欧文·戈夫曼. 污名：受损身份管理札记 ［M］. 宋立宏, 译. 北京：商务印书馆, 2009.

［186］童志锋. 历程与特点：社会转型期下的环境抗争研究 ［J］. 甘肃理论学刊, 2008 (6)：85-90.

［187］冯洁, 汪韬. 开窗：求解环境群体性事件 ［N］. 南方周末, 2012-11-29.

［188］蕾切尔·卡森. 寂静的春天 ［M］. 吕瑞兰, 李长生,

译. 上海：上海译文出版社，2007.

[189] 黄兴华. 湖南浏阳镉污染事件反思：需建立干群互信机制 [N]. 新闻周刊，2009-08-12.

[190] 新京报. 茂名 PX 事件前 31 天还原：政府宣传存瑕疵激化矛盾 [N]. 新京报，2013-04-05.

[191] DOUG MCADAM. Political Process and the Development of Black Insurgency, 1930—1970 [M]. Chicago：University of Chicago Press, 1999.

[192] 谭黎. 业主认同的建构与强化——以 B 市 R2 小区维权运动为线索 [J]. 中国农业大学学报（社会科学版），2009（4）：94-103.

[193] LEON FESTINGER. A Theory of Social Comparison Processes [J]. Human Relations, 1954（7）：117-140.

[194] 维尔塔·泰勒，南茜·E. 维提尔. 社会运动社区中的集体认同感——同性恋女权主义的动员 [M]. 刘能，译. 北京：北京大学出版社，2002.

[195] 李东泉，李婧. 从"阿苏卫事件"到《北京市生活垃圾管理条例》出台的政策过程分析：基于政策网络的视角 [J]. 国际城市规划，2014（1）：30-35.

[196] 谢菁菁，王玮，王冠，等. 在应对农村环境污染抗争事件中政府行为的反思——以安徽省 A 市 L 镇环境抗争性事件为例 [J]. 改革与开放，2012（10）：35-36.

[197] 曼瑟尔·奥尔森. 集体行动的逻辑 [M]. 陈郁，等，译. 上海：上海三联书店，1995.

[198] 赵鼎新. 社会与政治运动讲义 [M]. 北京：社会科学文献出版社，2006.

[199] 朱力，曹振飞. 结构箱中的情绪共振：治安型群体性事件的发生机制 [J]. 社会科学研究. 2011（4）：83-89.

［200］于建嵘. 社会泄愤事件中群体心理研究：对"瓮安事件"发生机制的一种解释［J］. 北京行政学院学报，2009（1）：1-5.

［201］王金红，黄振辉. 中国弱势群体的悲情抗争及其理论解释：以农民集体下跪事件为重点的实证分析［J］. 中山大学学报（社会科学版），2002（1）：152-164.

［202］杨国斌. 连线力：中国网民在行动［M］. 邓燕华，译. 桂林：广西师范大学出版社，2013.

［203］陈颀，吴毅. 群体性事件的情感逻辑：以 DH 事件为核心案例及其延伸分析［J］. 社会，2014，34（1）：75-103.

［204］麦克亚当. 斗争的动力［M］. 李义中，屈平，译. 南京：译林出版社，2006.

［205］汉尼根. 环境社会学［M］. 2 版. 洪大用，等，译. 北京：中国人民大学出版社，2009.

［206］胡宝林，湛中乐. 环境行政法［M］. 北京：中国人事出版社，1993.

［207］李兴旺，宁琛，刘鑫. 艰难推进中的环境维权［M］//梁从诫. 环境绿皮书（2005）——中国的环境危局与突破. 北京：社会科学文献出版社，2006：64.

［208］郭于华. 弱者的武器与隐藏的文本——研究农民反抗的底层视角［J］. 读书，2002（7）：11-18.

［209］西德尼·塔罗. 运动中的力量：社会运动与斗争政治［M］. 吴庆宏，译. 南京：译林出版社，2005.

［210］曾繁旭，钟智锦，刘黎明. 中国网络事件的行动剧目——基于 10 年数据的分析［J］. 新闻记者，2014（8）：71-78.

［211］HOGWOOD W BRIAN，B GUY PETERS. Policy Dynamics［M］. N Y：St. Martin's Press，1983.

［212］杨代福. 西方政策变迁研究：三十年回顾［J］. 国家

行政学院学报，2007（4）：104-108.

［213］曹阳，樊弋滋，彭兰.网络集群的自组织特征——以"南京梧桐树事件"的微博维权为个案［J］.南京邮电大学学报（社会科学版），2011（13）：1-10，34.

［214］郑旭涛.预防式环境群体性事件的成因分析——以什邡、启东、宁波事件为例［J］.东南学术，2013（3）：23-29.

［215］刘能.当代中国群体性集体行动的几点理论思考——建立在经验案例之上的观察［J］.开放时代，2008（3）：110-125.

［216］LINDEN, ANNETTE, BERT KLANDERMANS. Stigmatization and Repression of Extreme-right Activism in the Netherlands ［J］. Mobilization, 2006, 11（2）：213-228.

［217］STERN RACHEL E, JONATHAN HASSID. Amplifying Silence：Uncertainty and Control Parables in Contemporary China ［J］. Comparative Political Studies, 2012（10）：1-25.

［218］DELLA PORTA, DONATELLA, HERBERT REITER. Policing Protest：The Control of Mass Demonstrations in Western Democracies ［M］. London：University of Minneasota Press, 1998.

［219］CUNNINGHAM DAVID. Surveillance and Social Movements：Lenses on the Repression-mobilization Nexus ［J］. Contemporary Sociology, 2007, 36（2）：120-125.

［220］定明捷."政策执行鸿沟现象"的内生机制解析［J］.江苏社会科学，2008（1）：61-66.

［221］中国企业管理研究会，中国社会科学院管理科学研究中心.中国企业社会责任报告［M］.北京：中国财政经济出版社，2006.

［222］庞皎明.公司责任：陷阱还是馅饼？［N］.中国经济时报，2006-02-22.

[223] 李松林. 企业环保违法屡罚不改如何破局 [EB/OL]. (2015-04-02) [2017-07-30]. http://news.xinhuanet.com/fortune/2015-04/02/c_127649053.html.

[224] WANG D T, CHEN W Y. Foreign Direct Investment, Institutional Development, and Environmental Externalities: Evidence from China [J]. Journal of Environmental Management, 2014, 135: 81-90.

[225] 查尔斯·蒂利. 社会运动 1768—2004 [M]. 胡位均, 译. 上海: 上海世纪出版集团, 上海人民出版社, 2009.

[226] 周瑞金. 新意见阶层在网上崛起 [J]. 炎黄春秋, 2009 (3): 52-57.

[227] 喻国明. "渠道霸权" 时代的终结——兼论未来传媒竞争的新趋势 [J]. 当代传播, 2004 (6): 115.

[228] 沃尔特·李普曼. 舆论学 [M]. 北京: 华夏出版社, 1989: 240.

[229] 付亮. 网络维权运动中的动员 [D]. 合肥: 安徽大学, 2010.

[230] 朱谦. 公众环境保护权利构造 [M]. 北京: 知识产权出版社, 2009.

[231] 吴满昌. 公众参与环境影响评价机制研究——对典型环境群体性事件的反思 [M]. 昆明理工大学学报 (社会科学版), 2013, 13 (4): 18-29.

[232] 熊文蕙. 网络与传统媒体的竞争——新世纪媒体的发展现状研究 [J]. 湖北成人教育学院学报, 2001 (6): 23-26.

[233] 尼葛洛庞帝. 数字化生存 [M]. 胡泳, 范海燕, 译. 海口: 海南出版社, 1997.

[234] 哈贝马斯. 公共领域的结构转型 [M]. 曹卫东, 等, 译. 上海: 学林出版社, 1999: 187-205.

［235］尹明. 网络舆论与社会舆论的互动形式 ［J］. 青年记者，2009（1）：26.

［236］童志锋. 互联网社会媒体与中国民间环境运动的发展 ［J］. 社会学评论，2013（4）：52-62.

［237］吴麟. 论新闻媒体与公共领域的构建——以"圆明园事件"报道为例 ［J］. 山东省广播电视学校学报，2006（1）：15-18.

［238］YANG GUOBIN. Weaving A Green Web：The Internet and Environmental activism in China ［J］. China Environment，2003（6）：89-93.

［239］祝华新，单学刚，胡江春. 2008 年中国互联网舆情分析报告 ［M］//汝信，陆学艺，李培林. 2009 年中国社会形势分析与预测. 北京：社会科学文献出版社，2008.

［240］匡文波. 手机媒体概论 ［M］. 北京：中国人民大学出版社，2006.

［241］刘晓雯. 无线广告的金矿有多大 ［J］. 投资北京，2006，（11）：42-43.

［242］夏季风. 厦门 PX 项目与厦门公民 ［EB/OL］.（2008-01-18）［2017-07-30］. http：//www.bjdxygmc.com/91171. html.

［243］曾繁旭，蒋志高. 厦门市民与 PX 的 PK 战 ［EB/OL］.（2007-12-28）［2017-07-30］. http：//news.sina.com.cn/c/2007-12-28/173414624557. shtml.

［244］卢家银，孙旭培. 新媒体在地方治理中的作用——以厦门 PX 事件为例 ［J］. 湖南大众传媒职业技术学院学报，2008（3）：10-14.

［245］中国互联网络信息中心（CNNIC）. 第 31 次中国互联网络发展状况统计报告 ［EB/OL］.（2014-03-05）［2017-07-30］. https：//www.cnnic.net.cn/hlwfzyj/hlwxzbg/hlwtjbg/201403/

t20140305_46239. htm.

［246］新华舆情. 四川什邡事件舆情分析［EB/OL］. (2013-10-23)［2017-07-30］. http://news. xinhuanet. com/yuqing/2013-10/23/c_125585811_2. htm.

［247］安德鲁·查德威克. 互联网政治学：国家、公民与新传播技术［M］. 任孟山，译. 北京：华夏出版社，2010.

［248］左鹏. 基于社交网络的舆论成长与引导研究——以什邡事件为例［J］. 北京科技大学学报（社会科学版），2013 (3)：46-50.

［249］李未柠. 2014 中国网络舆论生态环境分析报告［EB/OL］. (2014-12-25)［2017-07-30］. http://news. xinhuanet. com/newmedia/2014-12/25/c_1113781011. htm.

［250］廖丰. 微信用户数量大增——腾讯盈利 122 亿同比增 58%［EB/OL］. (2014-08-15)［2017-07-30］. http://media. people.com.cn/n/2014/0815/c40606-25470311. html.

［251］观察者. 广东茂名回应市民反 PX 项目示威游行［EB/OL］. (2014-03-31)［2017-07-30］. http://www.guancha. cn/society/2014_03_31_218175. shtml.

［252］东方早报. 茂名 PX 风波始末：宣传战挡不住恐慌的脚步［EB/OL］. (2014-04-01)［2017-07-30］. http：//news. e23. cn/content/2014-04-01/2014040100297_ 2. html.

［253］新京报，茂名 PX 事件前 31 天还原：政府宣传存瑕疵激化矛盾［EB/OL］. (2014-04-05)［2017-07-30］. http：// money. 163. com/14/0405/07/9P25E6F700253B0H_ all. html.

［254］LEIZEROV S. Privacy Advocacy Groups Versus Intel：A Case Study of How Social Movements are Tactically Using the Internet to Fight Corporations［J］. Social Science Computer Review, 2000 (18)：461-483.

［255］ HAMPTON KEITH N. Grieving for a Lost Network ： Collective Action in a Wired Suburb Special Issue： ICTs and community networking ［J］. Information Society, 2003, 19 (5)： 417-428.

［256］ VAN LAER, J P VANAELST. Internet and Social Movement Action Repertoires： Opportunities and Limitations ［J］. Information, Communication & Society, 2010 (8)： 1146-1171.

［257］ KELLY GARRETT. Protest in an Information Society： A review of literature on soclal movements and the new ICTs. ［J］. Information, Communication&Society, 2006 (2)： 202-224.

［258］ 邱林川. 手机公民社会：全球视野下的菲律宾、韩国比较分析 ［M］//邱林川，陈韬文. 新媒体事件研究. 北京：中国人民大学出版社, 2009：291-310.

［259］ MYERS DANIEL J. The Diffusion of Collective Violence： Infectiousness, Susceptibility, and Mass Media Networks ［J］. American Journal of Sociology, 2000, 106 (1)： 173-208.

［260］ 戴佳，曾繁旭，黄硕. 环境阴影下的谣言传播：PX 事件的启示 ［J］. 中国地质大学学报（社会科学版）, 2014 (1)： 82-91.

［261］ 郭小安，董天策. 谣言、传播媒介与集体行动——对三起恐慌性谣言的案例分析 ［J］. 现代传播（中国传媒大学学报）, 2013 (9)： 58-62.

［262］ 郭小安. 网络抗争中谣言的情感动员：策略与剧目 ［J］. 国际新闻界, 2013 (12)：56-69.

［263］ 李艳芳. 论我国环境影响评价制度及其完善 ［J］. 法学家, 2000 (5)：3-11.

［264］ 李爱年，胡春冬. 中美战略环境影响评价制度的比较研究 ［J］. 时代法学, 2004 (1)：109-120.

［265］ 吕忠梅. 根治血铅顽疾须回归法治 ［N］. 南方周末，

2011-5-26.

[266] 童星. 对重大政策项目开展社会稳定风险评估 [J]. 探索与争鸣, 2011 (2): 20-22.

[267] 刘超. 突发环境事件应急机制的价值转向和制度重构——从血铅超标事件切入 [J]. 湖北行政学院学报, 2011 (4): 64-69.

[268] ARNSTEIN, SHERRY R. A Ladder of Citizen Participation [J]. Jounal of the American Institute of Planners, 1969 (25): 216-224.

[269] 童星, 张海波. 中国应急管理: 理论、实践、政策 [M]. 北京: 社会科学文献出版社, 2012.

[270] 冷碧遥. 邻避冲突及政府治理机制的完善——基于宁波PX项目的分析 [J]. 知识经济, 2013 (11): 7-8.

[271] 武卫政. 环境维权亟待走出困境 [N]. 人民日报, 2008-1-22 (5).

[272] 祝天智. 政治机会结构视野中的农民维权行为及其优化 [J]. 理论与改革, 2011 (6): 96-100.

[273] 洪长晖. 新媒体变革与媒介素养——兼谈厦门PX事件中的"短信"力量 [J]. 现代视听, 2013 (4): 23-46.

[274] 李彤彤. 网络意见领袖类型、特征与培育路径 [J]. 廉政文化研究, 2011 (4): 59-62.

附录

	概念	操作化定义
环境群体抗争的特点	发生地域	省份
		东部＝1　西部＝2　中部＝3
		华东＝1　华北＝2　华中＝3 华南＝4　西南＝5　东北＝6 西北＝7
		乡村＝1　城市＝2　镇＝3
	抗争诉求	反对和停止建设＝1　要求赔偿＝2 反对腐败＝3　关闭或搬迁＝4 其他＝5
	参与规模	0~100人数＝1　101~1 000人数＝2 1 001~1 000人数＝3 10 000及以上人数＝4
环境群体抗争演变过程	议题分类	反对PX＝1　反对垃圾焚烧＝2 反对变电站、核电站＝3 反对重金属污染＝4 反对其他工业污染＝5 反对污名化＝6　其他＝7
	抗争策略	上访、散步、拦路堵路、打砸、 其他（是＝1　否＝0）
	抗争结果	企业或项目暂停＝1　企业或项目 取缔＝2　企业或项目照常运行＝3

	概念	操作化定义
	政府干预方式	
	积极干预方式	干部会议=1　征集市民意见=2 环评座谈会=3　专家论证会=4 其他=5
各行为主体的参与情况	消极干预方式	禁止媒体报道=1　网络监控=2 暴力执法=3　围追堵截=4 其他=5
	企业	国企=1　民企=2　外资=3 其他=4
	环境NGO	参与=1　未参与=0
	精英	参与=1　未参与=0
	专家	参与=1　未参与=0
新媒体传播情况	首曝媒介	微博=1　微信=2　论坛及贴吧=3 博客=4　网络新闻=5　短信=6 其他=7
	网络舆情持续时间	1周之内=1　1周至2周=2 2周至1个月=3 1个月至3个月=4　3个月以上=5
	谣言传播	有谣言传播=1　无谣言传播=2

后记

本书是在我于 2015 年完成的博士论文的基础上修订而成的，本书的出版得到了很多人的指导和帮助。

首先要感谢我的导师谢耘耕教授对我的殷切关心和帮助，从选题到撰写都是在他的悉心指导下进行的。谢老师渊博的知识、严谨的学风、前瞻的学术视野引领我在学术的道路上积极前行。每当在写作中出现困顿和疑惑时，谢老师都会耐心地与我反复讨论，帮助我克服写作过程中的重重困难。除了在学业上的指导，谢老师宽厚的品性、对事业的执着和敬业精神深深感染着我，激发着我对学术的热情和斗志。有这样一位人生导师在我青年时期对我耳提面命，实属幸运，令我终身受益。

感谢宾夕法尼亚大学安南堡传播学院的杨国斌老师为我提供去美国交流的宝贵机会。杨老师是研究网络动员领域的著名学者。在宾夕法尼亚大学学习期间，有幸得到杨老师的指导，与杨老师的对话与交流，激发我不少写作的灵感与想法。

感谢我的同门师兄、师姐、师妹，我们并肩作战，携手参与各种研究项目，形成互帮互助的良好氛围，为我的博士生活又增添了一份温暖与怀念。

感谢我的家人，你们一直是我前行的源动力。从小生活在一个宽松、有爱的家庭，许多事情都由自己做主，自打选择到上海交通大学来攻读博士学位起，家人一直一如既往地支持我，父亲甚至戏称自己为"博士后"，他说要做博士女儿的坚强后盾。我非常感谢您，我的父亲。

感谢我的好朋友航姐、邓晴予、静哥、亚群、柳柳、杨怡，在我陷入写作低潮的时候，你们总是给我安慰和鼓励；在我焦躁不安的时候，你们及时想方设法疏导我的情绪；在我取得阶段性胜利时，你们会送上真诚的祝福。还要特别感谢邹云雅，结识你是我人生最大的幸运，希望我们能相知相伴长长久久。我相信，在未来有着风雨与彩虹的人生道路中，与你们分享喜怒哀乐、携手相伴是一件非常幸福的事情。

感谢重庆市高校网络舆情与思想动态研究咨政中心对本书出版的资助，感谢杨维东执行主任对本书出版的关心，感谢李特军主任、李晓嵩编辑对我的书稿提出的宝贵建议。本书由荣婷、郑科著。荣婷设计了全书结构，撰写了第一章、第二章、第三章、第六章，并对全书进行统稿。郑科撰写了第四章、第五章，并提供了部分案例资源与经验分享。

带着你们给予的力量和关爱，我将继续前行！最后祝愿大家都幸福安康！

荣婷

2018 年 5 月